学会静心 懂得宽心

任远坤○编著

中国纺织出版社

内 容 提 要

现实生活中各种压力纷至沓来，人们很容易在忙乱和诱惑中辨错了方向，在名利相争中远离了真实的自己。我们如何才能静下心来，宽待生活，活出真实的自己呢？

本书是一部心理开解书，通过诸多富有哲理的故事，解释静心之道和宽心之法，让人们找回纯净的内心世界，修炼良好的心态，探寻生命的真谛！

图书在版编目（CIP）数据

学会静心 懂得宽心／任远坤编著. --北京：中国纺织出版社，2014. 7（2024.4重印）

ISBN 978-7-5180-0597-0

Ⅰ. ①学… Ⅱ. ①任… Ⅲ. ①人生哲学—通俗读物 Ⅳ. ①B821-49

中国版本图书馆CIP数据核字（2014）第073257号

策划编辑：闫　星　　　责任编辑：闫　星
特约编辑：小　晨　　　责任印制：储志伟

中国纺织出版社出版发行
地址：北京市朝阳区百子湾东里A407号楼　邮政编码：100124
销售电话：010—87155894　传真：010—87155801
http：//www.c-textilep.com
E-mail：faxing@c-textilep.com
官方微博http://weibo.com/2119887771
北京兰星球彩色印刷有限公司印刷　各地新华书店经销
2014年7月第1版　2024年4月第2次印刷
开本：710×1000　1/16　印张：15.5
字数：207千字　定价：69.80元

前 言

人生苦短。尘世中的人们，无论是谁，无论做什么，最终都是为了一个共同的目标——获得快乐和幸福。然而，究竟获得什么才会让我们有这样的感受呢？也许有人说，拥有亿万家财、名利双收就是幸福；也有一些人，他们倒没有那么大的野心，他们认为家庭和谐、身体健康就是幸福；还有一些人，认为做着自己热爱的工作就是幸福。诚然，我们不能否认人们这些美好的愿望。但事实上，真正的幸福感来自于我们自己的心灵。

美国一家把幸福作为研究项目的科研机构得出结论，幸福与年龄、性别和家庭背景无关，而是来自于一份轻松的心情和健康的生活态度，也就是来源于一颗安宁和豁达、宽容、积极的心。

世间的痛苦和快乐不操纵在别人的手里，而是掌握在我们自己的手中，我们是自己幸福的决定者。我们怎样看世界，世界就是什么样子。若以爱心来看世界，那么这个世界到处充满了爱；我们若以愤懑的眼光来看世界，那么这个世界就是个怒火焚烧的地狱。

忙碌于钢筋混凝土森林中的人们，也逐渐意识到应该寻找让自己静心和宽心的良方，它能让我们远离浮躁、遏制欲望、豁达为人、抵制诱惑、戒掉抱怨、笑对逆境；能让我们的心在繁琐的生活之外找到一个依托，能让我们更好地工作，更好地生活，更好地提高自己，修炼自己。

然而，我们都是世俗中的人，要做到这点并不容易。生活太琐碎、工作太忙碌、人际交往太复杂，太多的纷杂因素，使得我们的心变得焦躁不安。人们也在努力尝试各种方法，然而，我们需要的并不是那些技巧，而只需要以一个局外人的身份、以一种不带任何偏见的眼光审视自己，这就是静心和宽心的全部秘密。

要想做到这点，你还需要一个心灵导师，它能引导你抛开世俗的烦恼、帮你发现并接受最本真的自我。本书就是这样一位导师，跟着它的脚步走，你会逐步找到自己在尘世中的坐标，让自己的心有个归宿。本书针对人们所遇到的每一个问题都有全方位的阐述和建议。阅读完本书后，相信你会有所收获，也能清除掉那些干扰我们前进的心灵污垢。那么，无论外在世界发生了什么，我们都能以一颗淡然的心来面对，都能做到不骄不躁、得失淡然、去留无意、荣辱不惊，相信此时，幸福感便会在你的心头涌动。

编著者

2014年4月

目　录

上篇　人生随时要静心

第1章　并非世界太浮躁，而是你的心太吵

第2章　静以修身，非宁静无以致远

下篇 立身处处要宽心

第8章 善待心灵：慢慢来，一切都来得及

第9章 宽待他人：舍得让你爱的人受苦

第10章 宽待自己：不念过去，不畏将来

上篇 人生随时要静心

第1章　并非世界太浮躁，而是你的心太吵

生活中，我们发现有这样一些人，他们似乎只有与众人相处的时候才能获得快乐，一旦离开人群，他们就觉得无法适应。其实，这都是内心浮躁的表现。不得不承认，我们周围的世界时刻发生着变化，然而，只有内心平静，才是获得幸福的根本。摒弃浮躁，需要我们学会享受一个人的生活、享受寂寞，学会关注自己的内心。总之，只有内心宁静，才能做到随遇而安，知足常乐。

心灵的成长需要寂寞与之为伴

我们都知道，人的成长是自我意识逐渐形成和独立的过程，真正的自我会伴随着身体的成长而一同成长。有句话说得好，成长是痛苦的，越长大越孤单，因为成长需要我们从稚嫩的自我中不断剥离。孩童时代，在父母长辈的庇佑之下，我们完全依赖于家人，不必为衣食住行担忧，我们的自我意识处于懵懂状态，我们可以放声地哭、放声地笑，没有过多的顾虑，更不必掩饰和伪装。因而，童年成了我们生命中最自然、最纯真的年代，童年的经历成了我们一生中最美好的记忆，我们沉浸其中，享受生命的美好，没有什么快乐能够代替童年的欢笑。然而随着年龄的成长，我们

就会发现自己与家人、长辈的距离越来越远了，我们发现，他们根本无法理解我们。于是我们逐渐学会了隐藏喜怒哀乐，发现自己开始孤单起来。再到我们可以独当一面时，我们发现，我们学会了自我保护，同时也更感到了寂寞与孤独。

可以说，孤独是成长所带来的不可避免的产物。然而，一些人却不愿正视这一点，于是，他们宁愿加入到一些狐朋狗友中，甚至用酒精、迷幻药来麻醉自己，但尽管如此，他们还是感到空虚。

事实上，只要我们能坦然面对成长的苦恼，学会享受一个人的寂寞，并在寂寞中反省自我，那么，你会发现，寂寞还能帮助我们做到自我审视和反思，进而帮助我们更好地成长。先来看看富兰克林的故事。

富兰克林并不是出身官宦之家，他小的时候家境很贫穷，他只在学校读了一年书就不得不出去工作。但童年的艰辛并没有磨灭他的理想和意志，反而激励他更加努力。最终，他成功了，他成为了美国人心中杰出的政治家和外交家。其实，富兰克林并不是天才。除了刻苦勤奋外，他是不是还有什么成功的秘诀呢？在富兰克林的身上，有一种非常重要的品质，那就是经常独处、反省自己。正是这种品质，促使他不断地发现自己的缺点，不断改进，从而成为了一个拥有很多美德的人，最终走向了成功。

每天晚上，富兰克林都会问自己："我今天做了什么有意义的事情？"

他检讨自己的缺点，发现自己有13种严重的缺点，而其中最为严重的是，喜欢与人争论、浪费时间、总被小事扰乱心绪。他通过深刻的自我检讨认识到：如果要成功，就一定要下决心改造自己。

于是，他设计了一个表格，表格的一边写下自己所有的缺点，另一边则写上那些美好的品质，如俭朴、勤奋、清洁、谦虚等。他每天对照表格检查，反省自己的得与失，立志改掉缺点，养成那些美德。这样持续了几年，他终于成功了。

从这个故事中，我们不难发现，让自己安静下来，学会在寂寞中反省，是提升自己的最好方法，它能让我们看清的不足、长处，甚至找到人生的目标。

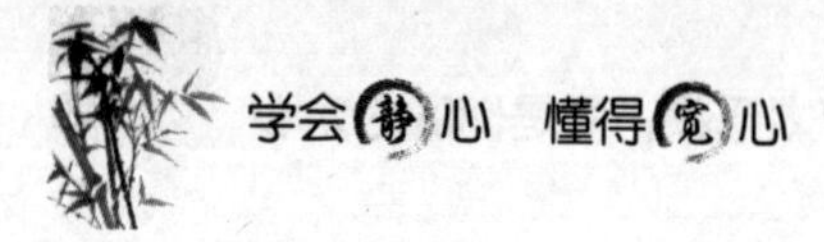

苹果CEO乔布斯曾经说过："你的时间有限，所以不要为别人而活；不要被教条所限，不要活在别人的观念里；不要让别人的意见左右自己内心的声音。最重要的是，勇敢地去追随自己的心灵和直觉，只有自己的心灵和直觉才知道你自己的真实想法，其他一切都是次要的。"不得不承认，在成长的过程中，我们都强调个性与追求自我，然而，不少人又是一群害怕寂寞与孤独的群居动物，他们常常会因为孤单、寂寞而去纠缠别人，似乎只有和他人相处才能感受到自我的存在。实际上，这不仅会影响他人的生活，还会损害人与人之间的情感，因为每个人都渴望拥有独立的空间，不希望打扰。

我们每个人每天都要面对学习和生活，总是马不停蹄地奔跑，我们似乎很少静下心来，思考人生，思考自己。但你发现没有？立身于尘世中太久，你是否经常有种孤独、寂寞、窒息的感觉？你不知道自己要的到底是什么样的生活？你的心是否曾经被一些自私自利的狭隘思想笼罩过？你是否已经变得人云亦云？为此，处于闹市中的我们，都要做到经常安静下来，给自己一段寂寞的时间，这样，你才能做到独立思考。要做到这点，就需要养成在独处和寂寞中倾听内心声音的良好习惯。你一个人呆着时，是感到百无聊赖、难以忍受呢，还是感到一种宁静、充实和满足？对于有"自我"的人来说，独处是让内心清静下来的绝好方法，是一种美好的体验，固然寂寞，却有利于我们灵魂的生长。

总之，心灵的成长需要与寂寞为伴，它能带给我们理性、自主和超越。学会与寂寞同行，我们的心才不会迷失，我们也能避免原地踏步，更能找到前方的路。

摒弃浮躁，内心恬适，一切就不再浑浊

现代高速运转的社会让生活中的我们变得浮躁起来，在灯红酒绿的都市生活中，到处充满着诱惑，能做到静下心来的有几人？在充斥着各种颜

色的生活中，人心浮躁，人本性中的单纯、质朴早已被我们甩在了身后。也许在这个快节奏的时代，我们真的走得太快了，是该停下脚步的时候了，等一等被我们丢远的灵魂。这样，才能让自己的心静下来，思索我们的人生。

这位住持的话让我们深有感悟。的确，当我们心情浮躁的时候，又怎能感受到那份宁静的幸福呢？曾经有一个百岁老人谈起他的长寿秘诀："我每活一天，就是赚一天，我一直在赚。"这就是生命的真谛：豁达，坦然。

尘世中的我们，又是否有这样一种安然、宁静的心呢？你是否深思过自己是否已被这纷乱的世界扰乱了思绪呢？你还是原本的那个自己吗？

的确，当今社会，我们总是不断地接受着来自物质引诱的各种考验，很多时候，我们在追求目标的过程中，可能并没有意识到自己的心灵已经被那些虚幻的美好理想束缚了。生活远没有理想那么简单，理想的存在固然可嘉，可我们更要做的是如何让理想接受现实的催化。就像一件被打造的利器，不经过熟火的炙烤，重锤的锻造怎么能固握在战士的手中？清空你的心灵，再行注满，你就会接受失败的馈赠，成功的赏赐。

那么，心灵里怎么会有什么垃圾呢？对曾经的成功、过时的褒奖、短暂的胜利、过期的佳绩的迷恋，当然，还有失望、痛苦、猜忌、纷争……而静心就是把自己当人看，既然是人就有人的样式，有自己的优点更要正视自己的缺点。你的优点可以促使你成功，缺点又何尝不会让你在平淡乏味的生活中体会到意外的精彩？每个人的生活都可以丰富多彩，不要让生活因为你的缺点有所欠缺。或许你不知道清空之后心灵会有什么改变？

对此，我们要懂得调节。

第一，学会独处。

让自己内心平静的方法莫过于独处，上一支檀香，一壶水，一缕清茶，一盏杯。水从高处慢慢冲入杯中，一切仿佛慢了半拍，茶叶在水中翻转腾挪，一缕香气弥漫出来，心境逐渐随之平静。实际上，人生本如茶，一泡洗净铅华，二泡三泡满品精华，四泡五泡回甘。

第二，和自己比较，不和别人争。

你没有必要嫉妒别人，也没必要羡慕别人。你要相信，只要你去做，你也可以的。为自己的每一次进步而开心。

第三，经常反省自己。人虽然是不断前进的，但前进的过程中，难免会出现一些阻碍、陷进等。一个人想不迷失自己，就应时时反省自己，排除前进道路上的种种诱惑和阻碍，从而使人生之路越走越宽。

第四，心情烦躁时，多做一些安静的事，例如，喝一杯白开水，放一曲舒缓的轻音乐，闭上眼，回味一下身边的人与事，对新的未来可以慢慢的梳理，既是一种休息，也是一种冷静的思考。

第四，多阅读、提升自己。

阅读实际上就是一个吸收养料的过程，你的求知欲在呼喊你，要活着就需要这样的养分。

很多时候，人们之所以生活得快乐，是因为心思简单；之所以内心平静，心态平和，是因为心胸开阔，豁达大度；之所以从容自如、气定神闲，是因为内心宁静、淡定。总之，我们发现，只有定期给自己复位归零，清除心灵的污染，才能更好地享受工作与生活。

寂寞是良药，学会享受一个人的生活

你是否有过这样的经历：紧张忙碌的工作之余，你离开办公桌，沏一杯咖啡，来到窗前，静静俯瞰这城市中匆匆行走的人们，是否觉得自己累了太久，寂寞好难得？在万籁俱寂的子夜时分，你沉沉地睡去，但一想到次日依旧要面临繁杂的工作、生活，你是否觉得心力交瘁？你听够了上司的训导，同事的唠叨，孩子的哭闹，家人间的争吵，你是否很渴望能独处？

的确，在人的一生当中，寂寞、独处的时间实在太少了，尤其是在这喧哗的世界里，难得寂寞一回！在大都市里，寂寞真的是一种少有的平静，没有压力，没有喧哗，只有安静，只有自己的呼吸，只有平平淡淡。

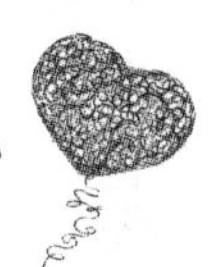

在万物沉睡的凌晨，在肃静的内室之中，或是在空旷的郊野，在所有这些寂寞的时候，凡尘的繁琐事务离我们远去了，忧虑与烦忧也不再侵害我们，我们的内心自然会生出许多平安欢喜的感激之情。此时思绪静止，内心安详而淳朴，你会感到一种与天地同在的醉意。

事实上，内心淡定的人，即使再忙碌，也会偷出空闲，滋养自己。他们像秋叶一样静美，淡淡地来，淡淡地去，给人以宁静安详之感。当白日的尘埃落定，他们会在灯下读点书，修复日渐粗粝的灵魂，使自己依然温婉和悦。朱自清先生在散文《荷塘月色》中写过这样一段话："我爱热闹，也爱冷静；我爱群居，也爱独处。"人在独处之时可以想许多事情，可以不受他物的牵绊，让自己的思想尽情遨游，在深思熟虑中获得生命的体验与感悟。这便是孤独的妙处吧。

曾经有个服刑的犯人在监狱中写下了一篇悔恨的日记：

自从穿上了这身囚服，我才知道什么叫寂寞，我才发现自由是多么可贵。我感到仿佛一种无法倾诉的无奈，仿佛广袤的沙漠里没有一丝风。牢房里，虽然不乏各种新闻，也不乏各种话题，但我都不感兴趣。环境特殊吧，彼此都害怕对方窥视自己的内心世界，所以人人都不得不心墙高筑。在这种氛围里，那份孤独就显得更加沉重，人也更加百无聊赖。

于是，为了打发时光，空余时间我便拿出书来读。刚开始，我看的是一些修养身心的书，我不急不躁，细嚼慢咽，居然读了进去。接下来，我又喜欢上了一些道德、法律方面的书，竟让我读出了心得，读出了情感。到后来，我已不光读，而是在"听"了——听哲人谈人生道理，听名人谈生活经验，听学者谈对世事的看法，听强者谈怎样面对挫折。

时间久了，读的书多了，我才发现自己真的错了。以身试法是多么愚蠢啊！不过现在还来得及，于是，我拿起久违的笔抒发对亲人的思念、检讨曾经的得失……一篇文章的构思过程，就是一次心灵净化与充实的过程，虽然难免有忧伤，有惆怅，但却不浮躁，不空虚。曾经失落、沮丧的心绪已渐渐舒展，漫长的时光已不再无聊，不再孤寂。这是否算是一种境界，一分收获？

我曾经暗叹漫长的牢狱生活，如今却发现如果能够做到把刑期当学期，便可以学到许多对自己有用的知识。学会在寂寞中充实自己，人生才会感到充实，才能得到许多意想不到的收获！

看到这篇日记，我们不得不感到欣慰，孤寂的牢狱生活并没有让他再次堕落，她选择了以读书来充实自己的内心。的确，心与书的交流，是一种滋润，也是内省与自察。伴随着感悟与体会，淡淡的喜悦在心头升起，浮荡的灵魂也渐归平静，让自己始终保持着一份纯净而又向上的心态，不失信心地介入现实，介入生活，创造生活。尘世中的我们，是否有这样一种安然、宁静的心呢？你是否深思过自己是否已被这纷乱的世界扰乱了思绪呢？

生活中的人们，我们也要学会享受生活、享受寂寞。为此，当我们独处时，我们可以有很多选择，比如：

旅游。旅游是很多现代城市人放松自己的方法。长时间游走于钢筋混凝土中的人们，应回归到大自然中去。山区或海滨周围的空气中含有较多的阴离子。阴离子是人和动物生存必要的物质。空气中的阴离子越多，人体的器官和组织所得到的氧气就越充足，新陈代谢机能便盛，神经体液的调节功能增强，有利于促进机体的健康。身体越健康，心理就越容易平静。

再如，读书。读感兴趣的书，读使人轻松愉快的书。读时漫不经心，随便翻翻；但抓住一本好书，则会爱不释手，那么，尘世间的一切烦恼都会抛到脑后。

听听音乐也会让你的身心放松下来。音乐是人类最美好的语言。听好歌，听轻松愉快的音乐会使人心旷神怡，沉浸在幸福愉快之中而忘记烦恼。放声唱歌也是一种气度，一中潇洒，一种解脱，一种对长寿的呼唤。

总之，寂寞是一种宝贵的情感，凡庸的人总不能够享受寂寞，难以在寂寞中寻求灵魂的清静与成长，而内心淡定的人则能抓住难得寂寞的时间来洗涤自己的心灵，享受一个人的美妙世界！

卸下各种包袱，才能真正释放自我

对于所有的人而言，在来到人世间的时候，都是赤裸裸的，所有的东西都处于“零”的状态。随着不断地成长，我们渐渐有了很多需求，诸如亲情、友情、爱情、恩情等。只有拥有了这些东西，我们的人生才会变得更加丰富，更加精彩，生命也会因此而变得越发健康和充实。

人生就像一个天平，只有保持平衡，才能更加平稳。这就要求我们必须学会接纳和承受。而很多时候，人们往往因为太执著，背负着太多的思想包袱，才会什么也放不下。要想使自己变得轻松愉快、自由自在，就要尽量放轻松些，不要被沉重的思想包袱压得气喘吁吁。只要放下那些包袱、烦恼、不愉快的往事，才能快乐地、轻松地享受生活，才能体会到人生真正的幸福。

人不能活在未来，因为未来是未知的，非常神秘；人也不能活在过去，因为过去已经成为了历史，一去不返，无法改变；人唯一能够真切把握的就是今天，所以我们要活在当下。很多时候，人们无限憧憬美好的未来，把一切希望都寄托在虚无缥缈的未来上，因此浑浑噩噩地生活；很多时候，人们因为过去所犯的错误而久久不能释怀，甚至因此而惩罚自己。其实，这两种做法都是不正确的。正确的做法是把握好今天，活在当下。假如一味地沉湎于过去的往事，特别是那些不愉快的经历，不仅会破坏你的好心情，还会损害你身体和心灵的健康；假如一味地沉湎于过去的光荣事迹，就会使你不停地抱怨现状。俗话说，好汉不提当年勇，正是为了让人们在今天再接再厉，努力地生活。

一个年轻人走在路上时，遇到了一位年长者，年长者眼泪婆娑。年轻人感到很好奇，便上前问道：“老人家，您为什么会这么悲伤啊？”

老人抬了抬头，然后诉苦到：“我真是命苦啊！少年时，我听说国王喜欢与武者为友，于是我便拜了一位武者为师，可当我学成之后，这个皇帝已经驾崩了。后来，我又听说新皇帝喜欢与文人交往，于是，我又拜了个秀才为师，然而，待我学成后，皇帝又喜欢与少者为友，而我那时已两鬓斑白。就这样，我最后一事无成。现在我走在街上，忽然想起了这些经历，所以才在此痛哭啊！”

这位老者文武俱通，不可不谓是个人才，但他却不懂得放下，因此到最后一事无成。事实上，人的生命毕竟是有限的，有时候，我们对于某些目标的成功也都是幻想，是不可能实现的，如果你把你毕生的时间都花在了坚持那些无谓的执念上，那么，当你年迈之时，只能悔之晚矣。而学会放下那些执念，你才可能充实人生，迎来新的生活。

古人云：无欲则刚。真正地放下，才是一种大智慧、一种大境界。因为不属于我们的东西实在太多了，只有学会放弃，才能给心灵一个松绑的机会。表面上看，放下了就意味着失去，所以是痛苦的；然而，如果你什么都想要，什么都不想放下，那么，最终你什么都得不到。人生苦短，无非几十年，有所得也就必有所失。只有我们学会了放弃，我们才会拥有一份成熟，才会活得坦然、充实和轻松。

研究人员经过研究也证实，那些总是沉湎于过去，特别是对自己以前的遭遇愤愤不平，或是懊悔自己曾经失去机会的人健康状况远远不如普通人，他们对疼痛更加敏感，而且更容易生病。看到这里，也许有人会认为自己应该着眼于未来。而研究人员同样证实，过于关注未来发展尽管不会损害你的健康，但却会阻碍人们享受自己当下所拥有的一切。只有那些努力享受当下，从过去的经历中汲取经验并且合理计划未来的人，才是最健康、最快乐的人。实际上，过于纠结于过去的往事，会使人们的心灵背负沉重的包袱，无法得到放松。

安东尼·罗宾在演讲的时候，总要对年轻人说：“今天才是我们生活的日子，也是我们在历史上唯一生存的一段时间，所以，所谓‘美好的古老时光’指的就是今天。只有今天，才是属于我们的时代。我不曾向你们诉说悲惨的一面，也不曾向你们描绘美好的一面，更不会向你们灌输过度的克服生存危机的乐观思想。我唯一想要告诉你们的是，生活中，每一个人都无法避免变化和挫败。” 由此可见，对于任何一个试图克服生存危机、更好地生活的人而言，都必须让生命回到现在。

佛教有云：应病予药、应机说法；一切都是唯心所现，唯识所变。殊

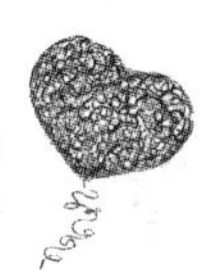

不知，人生真正的快乐在于放下多少，而不在于拥有多少。只要我们真正放下那些沉重的包袱，就能够自然而然地境由心转，海阔天空。在这个世界上，正是因为沉湎于过去的伤害和问题，人们才难以摆脱愤怒、沮丧、痛苦和绝望的情绪。事实证明，你越是念念不忘过去的那些事情，那些事情就会变得越来越沉重，你的心情也就会变得越来越糟糕。只有让过去的成为过去，彻底放下或者忘记，你才能轻松地继续前行。

静不下心，又怎能活得明白

两千多年前，古希腊有一位哲学家叫迪奥尼斯。

他是个思想怪异的人，经常会在大白天提着灯笼穿梭在大街小巷。人们问他在找什么？他回答道："我正在找人，人都迷失到哪里去了呢？"

原来，当时的雅典经济繁荣，然而，正是因为物质的充裕，导致了很多人被荣华富贵迷住了双眼，出卖了自己和灵魂，迷失了自己。所以哲学家奔走呼吁：人们哟，千万不要迷失自己！故此"认识你自己"这句话，便镌刻在古希腊德尔菲神庙顶上。

古人尚且深知要把握自己，不要迷失自己，而在逐步现代化的今天，我们生活的周围，却总是不断上演着"迷失自己、沦落陷阱"的悲剧。多少为官者在声色犬马中逐渐失去自己当初做人的原则，不惜牺牲人民的利益，最终被绳之以法；又有多少年轻人经不住外界的诱惑，放纵自己，甚至以身试法，最终自食其果。

的确，在这个纷攘嘈杂的世界，金钱、美色、权力、地位、名声充斥了整个现实生活，给人们太多的诱惑，于是人们更多地注重对身外之物的关注和追求，迷失在物欲的横流中。这个事实引人深思，发人深省。事实上，只有那些内心淡定的人，才能看清楚自己而不至于迷失自己，他们无论是处于逆境还是顺境，也不管这个世界是浮华还是痛苦，他们总能保持平静的心态。

当然，要让自己活得明白，就需要我们做到：

首先，静下心来，认识自己。

这并不意味着我们要放弃对物质生活的追求，相反，我们应该努力劳动、努力工作，去追求自己想要的生活。劳动与工作是一个人存在的价值。然而，有些人却在这过程中进入了误区——遗忘、迷失了自己。你始终不能忘记的是，自己才是主人公，是追求美好生活的主人公。因此，首先必须认识自己，好好地问一问自己：为这个世界做了什么？留下了什么？

其次，要树立正气。人们常说，心底无私天地宽，无论是社会还是个人，都需要正气，它指引我们正确做人、正确做事。有了正气，我们就能看穿欲望陷阱，就能不迷失自己。

最后，要学会享受一个人的寂寞，学会在独处中反省自己。一个人若想活得明白，就不能浑浑噩噩地活着，而应该做到经常反省自我，反省自己的德行、过失等，当然，这需要我们学会享受宁静。

不要迷失自己，就要懂得享受宁静。脱下白领的衣服换上流行时装走进灯红酒绿的地方，随着灯光的闪烁人们摇摆着头甩着头发，好像是现在许多人放松的一种方式。然而，这真是一种解脱放松的方式吗？

坚守一份执著，在迷茫的水面稳驾一叶轻舟；不再迷失自我，在喧嚣的尘世保持一份静默。迢迢暗夜，望一柄北斗为我们引路；茫茫雾海，燃一盏心灯为我们导航。可以一无所有，不能失去的是可贵的自信与执著。

在人生发展的道路上，我们如何选择继续往前走，决定了我们生命的高度。一些人贪图享乐，甚至总是愿意一条道走到黑，他们浑浑噩噩地度过每一天，在错误的道路上越走越远，甚至在追逐已定目标的道路上逐渐迷失了自己。因此，我们每个人都应该学会正确地定位自己、认清自己，看到自己的价值，然后找准目标，挖掘到自己的内在动力，再朝着正确的方向努力，这样你就能充分发挥自己的价值。可以说，这样的人生才是“明白”的人生。而在灯红酒绿的现代社会，我们要向活得明白，就一定要静下心来，要告诉自己，绝不能迷失自己，不管遇到多大的风浪都要坚定自己的立场。

内心宁静，才能沉淀自己

我们都知道，没有人能随随便便成功。在人生的道路上，我们若想有所收获，就必须耐得住寂寞，因为只有内心宁静的人，才能沉淀自己，才能有一番作为。古人云：“闲谈莫论人非，静坐常思己过。”这种心胸，正是沉淀的必要条件。当然，如果拥有这种心胸，就能够做到不会为那些扰乱心神的俗世所烦扰，就能做到苦中作乐，就能经受住人生的历练，也才能收获成功的果实。

西奥多·罗斯福也曾说过：“有一种品质可以使一个人在碌碌无为的平庸之辈中脱颖而出，这个品质不是天资，不是教育，也不是智商，而是自律。有了自律，一切皆有可能；无，则连最简单的目标都显得遥不可及。”任何一个人的才能，都不是凭空获得的，学习是唯一的途径。学习的过程，就是一个不断克服自我，控制自我的过程，只有首先战胜自己，摒除内在和外在的干扰，才能以全部的激情投入对知识的汲取中。

听说，前不久华人导演李安执导的《理智与感情》被列入了“电影史上伟大的100部英国电影”榜单。回望李安的成功，就好像一次生活的蜕变，但这个过程中，他付出了巨大的代价。内敛和害羞的李安曾说：“我天性竞争性不强，碰到竞赛，我会退缩。跟我自己竞争没问题，要跟别人竞争，我很不自在，我没那个好胜心，这也是命，由不得我。”这个信命的男人，却以自己强韧的耐心完成了一次生命华丽的蜕变，从一个普通的男人蜕变成为了闻名国际的大导演。

虽然，李安毕业时的作品《分界线》为他赢来了一些荣誉，但毕业之后，他没有找到一份与电影有关的工作，他只得赋闲在家，靠妻子微薄的薪水度日。那段日子算是李安的潜伏期。他为了缓解内心的愧疚，不仅每天在家里大量阅读、大量看片、埋头写剧本，而且还包揽了所有的家务，负责买菜、做饭、带孩子，将家里收拾得干干净净。他偶尔也会帮人家拍拍片子、看看器材、做点剪辑处理、剧务之类的杂事，甚至还有一次去纽约东村一栋很大的空屋子去帮人守夜看器材。在这段时间里，他仔细研究

了好莱坞电影的剧本结构和制作方式，试图将中国文化和美国文化有机地结合起来，创造一些全新的作品。

后来，李安回忆起这段日子的煎熬生活，依然十分痛苦："我想我如果有日本男人的气节的话，早该切腹自杀了。"就这样，在拍摄第一部电影之前，他在家里当了六年的家庭主男，练就了一手好厨艺，就连丈母娘都夸奖："你这么会烧菜，我来投资给你开馆子好不好？"蛰伏了一段时间之后，李安出山了，他开始执导自己的第一部电影《推手》；紧接着，他内心对电影艺术的狂热就好像终于等到了机会发泄了出来，一部接着一部，部部片子都是经典，都为其成功奠定了扎实的基础。

就这样，李安完成了一次生命的华丽蜕变。

这里，我们佩服的是，李安导演因为自始至终对电影业都怀抱理想和希望，所以才能够在家里做了六年的"煮夫"，足见他的忍耐力。就连李安自己也自嘲说："我想我如果有日本男人的气节的话，早该切腹自杀了。"在那段煎熬的日子里，他不断蛰伏着，就好像蝴蝶在蜕变之前所经历的所有环节，忍受着寂寞与孤独，忍受着枯燥和痛苦，但他终于以自己的耐心等来了那一天，终于，他成功了。虽然蜕变的代价是巨大的，但他已经忍受了过来。现在的他，只需要轻轻地努力就可以采摘成功的果实，生活对于他，也从来都是公平的。

自古以来，凡能够成大事者，都必须耐得住寂寞，能够排除外界的干扰。然而，我们不得不承认，现实生活是一个处处充满诱惑、时时会有外来干扰的世界，要维持长时间的、集中的注意力，必须具备一定的自我控制能力，要做到这一点，就要我们做到静心。所以，从某种意义上说，内心是否宁静是我们能否持久专注于工作和学习的前提条件。也就是说，要抵御诱惑，需要我们在努力中保持一份平常心，这样，我们就能对外界的"花花绿绿""流光溢彩"不生非分之心，不做越轨之事，不做虚幻之梦。

总之，在人生目标的实现中，一个人只有内心平静、努力充实自己，等待时机、不骄不躁，你的日子就会过得悠然自得、从容不迫；不去羡慕别人，你才会找到自己的生活，完成你自己的事业。

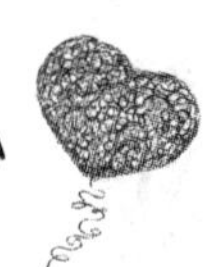

人生苦短，且行且珍惜

在快节奏的现代社会，为了生计，为了拥有更好的生活，我们常常步履匆匆，忙于工作、事业，却忽略了自己的内心。但当夜深人静，当你驻足窗前，看到绚丽的霓虹时，你可曾想过有否错过生命中很多重要的东西？你是否发现，你的双亲已经双鬓发白，而你却未曾侍奉在前？你是否因为缺少对爱人的关心而导致婚姻失败？你是否因为竞赛中的一个小失误而导致失利？你是否无视朋友的感受而导致朋友的离去？

想到这些，你的心是否为之一颤？人生的路上，我们可能错过很多，也可能在某些方面做得不足甚至是失败，你可能为会为此悔不当初；其实，与其后悔，不如去珍惜，从失败的经验中获得反省，你才能在人生的路上一路收获！

事实上，生命的意义不仅仅在于要成就多么伟大的事业，实现多么崇高的人生目标，或者拥有多少的财富，而更在于如何淡然地享受人生追求努力过程中的愉快心情，感受人生过程里那份淡淡的幸福味道。

一个名女人，经过了一次失败的婚姻后，她更加懂得了珍惜，因此，每年结婚纪念日，她都会记住，并且送爱人一份礼物。但随着事业的逐渐上升，她似乎忘记了什么才是珍惜。转眼，她和丈夫结婚十年了，这天下午，她来到一家首饰店，急匆匆地买了枚戒指，她对服务员说："请把戒指包好，天黑之前送到我家，交给我丈夫，我还要参加一个会议。"

然后她匆匆忙忙填写了一张卡片，上面写道："亲爱的，晚上我还有一个会议，抱歉不能与你共同庆祝。"

在她逗留于首饰店的短短时间里，进来一位老太太。老太太一进门就说："让我看看你们这里的手表。"

女人回到公司，交代了一些工作后，马上开车去赴她的会议。就在公路上，她看到了一个似曾相识的身影，那不正是买手表的老太太吗？她放慢车速想看看老太太在干什么。啊，原来，那是一个小小的墓园，老太太把那块手表埋在了墓地旁边，然后静静地坐在那里，一动也不动，背影写满了悲伤和怀念。

这一幕映入了这个女人的眼里，她的心，忽然痛了一下。接下来的事情是，她开动引擎，把车子调头，朝着来时的方向疾驰而去。她赶到那家首饰店，推门进去，幸好首饰店的服务员还没有送出那枚戒指，她急忙说："请把戒指给我，我自己送！"

当女人开车回家时，她看到一个大男人正在喂孩子吃饭，她不禁失声哭出来。

看完这个故事，我们不禁也为之感动。是啊，人生苦短，时间会带走一切，如果我们不懂得珍惜，那么，剩下的可能就只有叹息了！可是生活中，又有多少人能和故事中的女主人公一样能读懂细腻的感情呢？

现实生活里，我们大多数人都渴望生活得丰富多彩，于是便不遗余力地去追求理想目标的实现，却不知道淡然地享受人生过程，享受人生平平淡淡的幸福快乐。其实，无论人生目标有多么的瑰丽辉煌，也不能为了"短暂"的拥有，而放弃了过程里的开心微笑。

什么是幸福？幸福是一种心境，淡泊宁静，不计较得失，不在乎成败。这是一种睿智的生活态度和生活方式，是对现代文明压抑的一种反抗。

人不能改变过去，也不能控制将来，人能控制改变的只是此时此刻的心念、语言和行为。过去和未来的东西都虚无缥缈，只有当下此刻才是真实的。因此，一个人的生命不管能否长久，生命过程应该是丰富多彩的；无论人的生命长久与短暂，人生的道路应该是宽阔有风景的，享受过程应该是愉快幸福的。我们每个人都应该珍惜每一天的到来。

实际上，一个人的人生坐标定在什么位置，就有什么样的幸福。最大的幸福莫过于好好活着，珍惜今天，珍惜当下。人生在世，会经历许多事情，坎坎坷坷，酸甜苦辣，人皆有之。所谓一帆风顺，只是一种祝福语，一种愿望。其实，幸福就在我们身边，需要我们去寻找和创造。

第2章　静以修身，非宁静无以致远

我们都知道，人是一个欲望和需求不断膨胀的动物，也正是由于不断增长的渴望，才使得一个人不断成长。但欲望是人痛苦的根源，因为欲望永不能被满足。然而，在这个纷攘嘈杂的世界中，金钱、美色、权力、地位、名声充斥了整个现实生活，给人们太多的诱惑。若想做到获得幸福和快乐，做到控制自己的欲望，就要做到静心；我们不必追求什么超然的人生境界，只要我们学会用一颗纯洁的心灵、乐观的心情和善良的心肠真实地去对待生活，用心去感受生活的可贵，领悟生活的真谛，保持一种恬淡的心情，轻松地去享受人生的一些小乐趣就足够了。

欲望像鸦片，别让它控制你

在物质财富极大丰富、文化多元的现代社会，人们的需求和欲望不断地膨胀，很容易在追求物质的感官享受中逐渐迷失了自我，像一艘失去航向和动力的大船，或远离航道，或停滞不前；事过之后才清醒，却只有追悔莫及，抱憾终生。有人说，欲望是一把双刃剑，他可以成为我们的信念，支撑我们渡过难关；但是欲望也像鸦片，容易上瘾。皮埃尔·布尔古说过：“人们常常听到这样一句话：‘是欲望毁了他。’然而，这往往是

错误的。并不是欲望，而是无能、懒惰，或糊涂毁了人。”

曼谷的西郊有一座寺院，因地处偏远，一直非常冷清。

原来的住持圆寂后，索提那克法师来到寺院做新住持。初来乍到，他绕着寺院四周巡视，发现寺院周围的山坡上到处长着灌木。那些灌木呈原生态生长，树形恣肆而张扬，看上去随心所欲，杂乱无章。索提那克找来一把园林修剪用的剪子，不时去修剪一棵灌木。半年过去了，那棵灌木被修剪成了一个半球形状。

僧侣们不知住持意欲何为，便问索提那克，法师却笑而不答。

这天，寺院来了一个不速之客，来人衣衫光鲜，气宇不凡。法师接待了他，寒暄，让座，奉茶。对方说自己路过此地，汽车抛锚了，司机正在修车，他进寺院来看看。

法师陪来客四处转悠。行走间，客人向法师请教了一个问题：“人怎样才能清除掉自己的欲望？”

索提那克法师微微一笑，折身进内室拿来那把剪子，对客人说：“施主，请随我来！”

他把来客带到寺院外的山坡。客人看到了满山的灌木，也看到了法师修剪成型的那一棵。

法师把剪子交给客人，说道：“您只要能经常像我这样反复修剪一棵树，您的欲望就会消除。”

客人疑惑地接过剪子，走向一丛灌木，咔嚓咔嚓地剪了起来。

一壶茶的工夫过去了，法师问他感觉如何。客人笑笑：“感觉身体倒是舒展轻松了许多，可是日常堵塞心头的那些欲望好像并没有放下。”

法师颔首说道：“刚开始是这样的。经常修剪，就好了。”

来客走的时候，跟法师约定他十天后再来。

法师不知道，来客是曼谷最享有盛名的娱乐大亨，近来他遇到了以前从未经历过的生意上的难题。

十天后，大亨来了；十六天后，大亨又来了……三个月过去了，大亨已经将那棵灌木修剪成了一只初具规模的鸟。法师问他，现在是否懂得如何消除欲望？大亨面带愧色地回答说，可能是我太愚钝，眼下每次修剪的

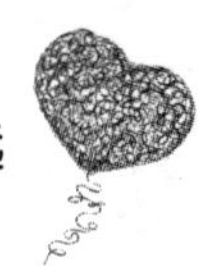

时候，能够气定神闲，心无挂碍。可是，从您这里离开，回到我的生活圈子之后，我的所有欲望依然像往常那样冒出来。

法师笑而不言。

当大亨的鸟完全成型之后，索提那克法师又向他问了同样的问题，他的回答依旧。

这次，法师对大亨说："施主，你知道为什么当初我建议你来修剪树木吗？我只是希望你每次修剪前，都能发现，原来剪去的部分，又会重新长出来。这就像我们的欲望，你别指望能完全消除。我们能做的，就是尽力把它修剪得更美观。放任欲望，它就会像这满坡疯长的灌木，丑恶不堪。但是，经常修剪，就能成为一道悦目的风景。对于名利，只要取之有道，用之有道，利己惠人，它就不应该被看做是心灵的枷锁。"

大亨顿悟。

此后，随着越来越多香客的到来，寺院周围的灌木也一棵棵被修剪成了各种形状。这里香火渐盛，日益闻名。

的确，我们心中的欲望，有时就像树木长出的枝蔓，稍不留神就一个劲地疯长，遮盖了我们的视野，甚至连心灵的光明也没淹没了。只有不断修剪，才能让我们的眼界豁然开朗！

中国人常说："欲望无止境"，孔子也曾说过一句很有名的话："富与贵，是人之所欲也，不以其道得之，不处也。贫与贱，是人之所恶也，不以其道去之，不去也。"意思是：富贵是每个人都想要的，但如果不是用光明的手段得到的，就不要它。贫贱是每个人所厌恶的，但如果不是以正大光明的手段摆脱的，就不摆脱它。也就是说，我们每个人都有追求成功和幸福的欲望，但不能被欲望控制。

对某些人来说，生命是一团欲望，欲望不能满足便痛苦，满足了便无聊，人生就在痛苦和无聊之间摇摆。这样的人生无疑是可悲的。

尼采说，"人最终喜爱的是自己的欲望，不是自己想要的东西！"能够控制欲望而不被欲望征服的人，无疑是个智者。被欲望控制的人，在失去理智的同时，往往会葬送自己。

其实，当生活越简单时，生命反而越丰富，尤其是少了物质欲望的牵

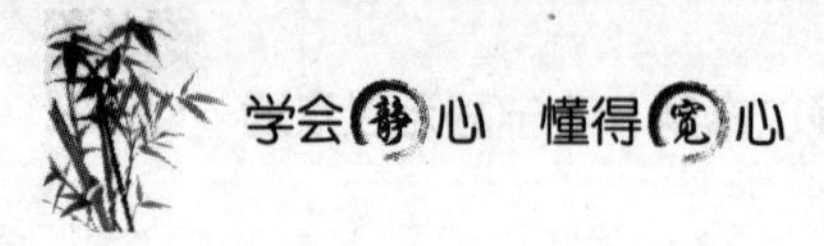

绊，我们越是能够从世俗名利的深渊中脱身，感受到自己内心深处的宽广和明净。因此，每一个人都应懂得修剪自己的欲望。

很多人都明白，贪欲会把人带向罪恶的深渊，让人失去理智；它可以使人相互摧残，甚至使最好的朋友都能反目成仇。贪字头上一把刀，一旦人的内心被贪欲所吞蚀，那他必将被其毒害……

人生如同一条河流，有其源头，有其流程，当然也有其终点。而不管其流程有多长，有多短，终究都会到达终点，流入海洋。那么在我们活着的时候，有什么欲望是一定非要满足不可的呢？

内心平静，知足才能常乐

人活在这个世界上，无非是为了使自己更加快乐幸福而已。而要学会快乐地生活，最重要的是要摆正自己的心态。拥有一份恬淡的心境，对于万事万物，不骄不躁，那么，你就懂得了幸福的真谛。然而，现代社会中的人们，就如忙碌的蚂蚁一般，他们总是脚步匆匆、心事重重，他们为家庭和工作，年复一年，日复一日，像牛一样辛勤耕作，到头来搞得面色欠佳，疲惫不堪，成了“亚健康”患者。《红楼梦》中说得好：“说什么脂正浓，粉正香，如何两鬓又成霜？昨日黄土垄头送白骨，今宵红绡帐底卧鸳鸯。”世事无常，人生匆匆，唯有一颗单纯的心才会让人幸福快乐。

我们先来看下面这样一则寓言故事：

一只正在偷食的老鼠被猫逮住了，老鼠哀求：“请放过我吧，我会送给你一条大肥鱼。”猫说：“不行。”老鼠继续说：“我会送给你五条大肥鱼。”猫还是不答应。老鼠仍不死心：“你放了我，以后我每天送给你一条大肥鱼。逢年过节，我还会拜访你。”

猫眯起眼睛，不语。

老鼠认为有门儿了，又不失时机地说：“你平常很少吃到鱼，只要肯放我一马，以后就可以天天吃鱼。这件事情只有天知地知，你知我知，其

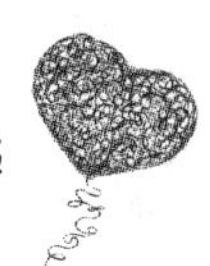

他人都不知道，何乐而不为呢？”

猫依然不语，心里却在犹豫：老鼠的主意的确不错，放了它，我能天天吃到鱼。但放了它，它肯定还会偷主人的东西，胆子会越来越大。我再次抓住它，怎么办？放还是不放？如果放，它就会继续为非作歹，主人会迁怒于我，把我撵出家门。那时，别说吃到鱼，就连一日三餐都没了着落。如果不放，老鼠或其同伙就会向主人告发这次交易，主人照样会将我扫地出门。如果睁只眼闭只眼，主人会认为我不尽职守，同样会将我驱逐出去。一天一条鱼固然不错，但弄不好会丢掉一日三餐，这样的交易不划算。

想到这些，猫突然睁大眼睛，伸出利爪，猛扑上去，将老鼠吃掉了。

猫是聪明的，它的选择也是正确的。面对老鼠的许诺，它最终还是选择了一日三餐。一日三餐便是它的底线。猫当然希望一日一鱼，但连起码的一日三餐都保不住的话，一日一鱼便成了水中月、镜中花。

的确，人之所以不快乐，就是因为不知足。实际上，人类自身的实际需求是很低的，远远低于欲望。房子再怎么大，也只能住一间；衣服再高贵，身上也只能穿一套；汽车再多，也只能开一辆在街上跑。能够认清楚这一点，那么我们就能够活得更加从容一点，更加豁达一点。更重要的是，我们将会有更多的时间和精力，来进行一些精神层次的追求和享受。

在俄国诗人涅克拉索夫的长诗《在俄罗斯，谁能幸福和快乐》中，诗人找遍俄国，最终找到的快乐人物竟是枕锄瞌睡的农夫。是的，这位农夫有强壮的身体，能吃、能喝、能睡，从他打瞌睡的倦态中以及打呼噜的声音中，无不飞扬和流露出由衷的开心。这位农夫为什么能开心?不外乎两个原因，一是知足常乐，二是劳动能给人带来快乐。

法国杰出的作家罗曼·罗兰说得好，“一个人快乐与否，绝不依据获得了或是丧失了什么，而只能在于自身感觉怎样。”

可能自从你走出学校后，就一直在努力奋斗，而现在的你也已经有了自己的事业，甚至日进斗金，腰缠万贯。但你发现没有，你都很难快乐起来。那么，你要反省一下，你的生活中可能缺少了点什么？那就是一份平和的心态。要知道，金钱的拥有和生活的快乐无因果关系。一个人只要心地平和，就可以活得快乐；一个人积极向上，虽苦犹甜；投机作懒，身子清闲未必真快乐。

的确，人类最大的悲哀莫过于拿自己有限的生命去追逐无限的欲望。这个世界上有太多美好的事物，我们每个人都不可能得到所有，所以一定要学会知足。只有知足，才能长乐。一个人若是被欲望所左右，就会变得可怕，或许他们的物质条件会越来越好，但却会在永无止境的追求当中迷失了许多宝贵的东西，以至于从来没有享受过真正的快乐，绚丽的外表下藏着一颗空虚的心灵，而且他的一生注定要被痛苦纠缠。

生活在这个世界上是很不容易的，而生命却是有限的，所以我们要把有限的生命投入到无限的快乐生活中去。因此，从现在起，你不妨放下无止境的欲望，学会知足吧：

当你每天为了养家糊口而奔走工作的时候，你应该感谢上苍，因为你拥有家人；

当你和你的那个他发生矛盾争吵的时候，你应该庆幸，你已经寻找到了那个即将与你相守一生的人；

当你听到父母的唠叨而飞奔出门的时候，你应该感谢上苍，因为你还有老人可以尽孝；

当你没有汽车代步而骑自行车的时候，你应该感谢上苍，让你拥有健康。

总之，无论在什么时候，无论在什么地方，我们都要学会知足、学会感恩。假如你没有惊天动地的大事情可以做，那么就做一个小人物，做慈祥的父母、做孝顺的儿女，做忠贞的爱人！

别让功名利禄扰乱心境

自古以来，功名利禄就像一个明星一般，有数不清的追随者，可以说，当今世人没有谁能回避得了名利二字！只不过有的人名小，有的人名

大；有的人利少，有的人利多。有的人为出大名获大利，追求了一生一世。也许人们觉得，只有获得了名利，才会感觉到快乐，但果真如此吗？答案是否定的，适度地追求名利是可取的，但如果你放任自己对名利的欲望，使之超出理智的话，那么，就会常常迷失自我，甚至葬送生命。

的确，名利是一把双刃剑，关键看我们怎么掌握，掌握好了我们会一路光明，风光无限好；而掌握不好，也可令智昏损人亦损己。因此，没有名利，我们也不可太过焦躁；有了名利应当加倍珍惜，如果过分看重它，往往就会为其所累，以致身疲力竭得不偿失。毕竟人活着不是为了名利，而是为了人生的幸福和快乐。

春秋战国时期，越王勾践经过20年的卧薪尝胆后，终于一雪前耻，灭掉了吴国，这是众人皆知的故事，但越王勾践之所以能成功，得归功于越王的臣子范蠡。范蠡不但是一个忠心耿耿的臣子，还是一个懂得为人处世的智者。

勾践的确是一个能吃苦耐劳之人，然而，能与之共苦，却不能与之同甘。范蠡被任命为大将军后，自忖长久在得意之至的君主手下工作是危机的根源，于是他便向勾践表明了自己的辞意。勾践并不知道范蠡的真实意图，于是拼命挽留他。但范蠡去意已定，搬到了齐国居住，自此与勾践一刀两断，不再往来。

移居齐国后，范蠡不问政事，与儿子共同经商，很快成为富甲一方的大富翁。齐王也看中了他的能力，想请他当宰相，但被他婉言谢绝了。他深知“在野而拥有千万财富，在朝而荣任一国宰相，这确实是莫大的荣耀。可是，荣耀太长久了反而会成为祸害的根源”。于是，他将财产分给众人，又悄悄离开了齐国，到了陶地。不久后，他又在陶地经营商业成功，积存了百万财富。

范蠡确实是个聪明的人，能帮助越王勾践重获江山；更难能可贵的是，他更懂得在受功之时全身而退。他之所以这样做，个中原因必定也与其深谙人生幸福之真谛有极大的关系吧。

诚然，社会竞争之激烈要求我们做到不断充实自己，否则，将很容易会被社会淘汰。但如果一味地以追名逐利为目的，那么，在不断的追逐中，我们终将会失去自我而成为名利的奴隶。因此，我们需要常常自省，检查自己的行为与思想是否偏离了人生的轨道。

轻看名利淡如水。人生于世，若能学水的清澈本性和“利万物而不争”的品格，则不仅精神居于高处，人生也将进入开阔处。要达到如此境界，最需摆脱名缰利锁的束缚。雁过留声，人过留名，想留个好名声，无可厚非，但却不能为名所累。若淡泊名利，不为名利而争，人生必甚畅意。须知，“家有黄金万两，每日不过三顿；纵有大厦千座，每晚只占一间”。

在名利面前，英雄岳飞仰天长叹 “三十功名尘与土”，把功名视为尘土；唐代大诗人杜牧歌曰 “莫言名与利，名利是身仇”，都可谓淡然与洒脱。

古人云：“天下熙熙，皆为利来，天下攘攘，皆为利往。”司马迁也说：“君子疾没世而名不称焉，名利本为浮世重，古今能有几人抛？”由此可知，淡泊名利甚难笑看人生亦难，说起来轻松做起来难，就连儒家大师朱熹也感叹道：“世上无如人陷欲，几人到此无误平生。”没有一定的身心修养和良好的心里素质，就不要去想淡泊名利，笑看人生的做人哲理了。众多的学问家都是淡泊名利的佼佼者，他们对个人的名利常常采取漠然冷淡和不屑一顾的态度，而把主要精力放在对理想、事业的追求上。

相反，把目光盯在名利上，其害无穷。名利不至，烦恼倍生；名利如同大山压于心头，再无继续前进的勇气；名利已取，烦恼不减，还有更大的诱惑刺激，永远不会有满足的时候；恼恨如海之大潮，一浪高过一浪，激人肝火，动人心性，以至不知路该怎样走，人该怎样做；为谋名利，有人甚至会背弃做人的准则。正如古人所说：“利旁有倚刀，贪人还自贼（自害）。”

我们常常为一日三餐疲于奔命，也常常为薪酬待遇而斤斤计较。而如果我们能静下心来梳理一下自己迷乱的心灵，你会发现，对于名利，只要你看淡一点，你就会拥有一个好的心境。天雨人悲、月黯神伤的困惑便会离你而去；无论何时，你都会平平淡淡开开心心。淡泊名利了，你会感到人生的美好和生活的温馨！

人生沉浮，平静看待方能收获幸福

生命是个奇怪的东西，自打我们来到人世，似乎就在为所谓的幸福努力着，很多人毕生都在奋斗，努力证明自己生命的不凡。有的人选择了用事业上的成功来证实，有的人用不断争取来的权势来证实，有的人凭借巨额财产来证实，有的人用满腹的才华来证实……有些人成功了，也有一些人失败了。面对人生沉浮、得失荣辱，他们倾注了太多的精力，给自己施加了太多的压力，于是，他们一生都在忙忙碌碌，到头来却不知道自己在忙什么。这样的人生是注定悲哀的。所谓的名利、金钱，到头来不过还是一场空，只有平静看待我们才能收获幸福，我们才能更好地走好前方的路。

和煦的春风里，师傅带着小和尚来到寺庙的后院，打扫冬日里留下的枯木残叶。小和尚建议说：“师傅，枯叶是养料，快撒点种子吧！”

师傅曰：“不着急，随时。”

种子到手了，师傅对小和尚说：“去种吧。”不料，一阵风起，撒下去不少，也吹走不少。

小和尚着急地对师傅说：“师傅，好多种子都被吹飞了。”

师傅说：“没关系，吹走的净是空的，撒下去也发不了芽，随性。”

刚撒完种子，这时飞来几只小鸟，在土里一阵刨食。小和尚急着对小鸟连轰带赶，然后向师傅报告说：“糟了，种子都被鸟吃了。”

师傅说：“急什么，种子多着呢，吃不完，随遇。”

半夜，一阵狂风暴雨。小和尚来到师傅房间带着哭腔对师傅说：“这下全完了，种子都被雨水冲走了。”

师傅答：“冲就冲吧，冲到哪儿都是发芽，随缘。”

几天过去了，昔日光秃秃的地上长出了许多新绿，连没有播种到的地方也有小苗探出了头。小和尚高兴地说：“师傅，快来看呐，都长出来了。”

师傅却依然平静如昔地说：“应该是这样吧，随喜。”

这则故事告诉我们，人生无常，但只要我们保持内心平静，那么，无论外在世界怎么变化莫测，我们都能坦然面对，做到不为情感左右，不为名利所牵引，从而洞悉事物本质，完全实事求是。

然而，“宠辱不惊，看庭前花开花落；去留无意，望天空云卷云舒”，这份闲散与安逸，对于现代社会的人们来说，或许真的是一种奢望。每个人都有决定自己生活的权利，何必把自己搞得那么累。放慢你的脚步，尽情地呼吸，尽情地欢笑，让生活中多一些温馨，生命中就少一份遗憾。有人说，旅途是繁忙的，必须抓紧时间赶路；有人说，旅途是悠闲的，应该缓缓而行；还有人说，旅途的终点是归宿，何来紧迫与悠闲……

的确，宠辱不惊的人在面对生活的快意和失意之时都会有一种淡然的心态，会懂得如何对待与处理问题。

首先，他会明确自己的生存价值，能够以这样的格言来勉励自己：“由来功名输勋烈，心底无私天地宽。”一个人若心中无过多的私欲，又怎会患得患失呢?

其次，他会认清自己所走的路，不过分在意得失，不过分看重成败，不过分在乎别人对他的看法。他会坚信：只要自己努力过，只要自己曾经奋斗过，做了自己喜欢做的事，还有什么在心里放不下的呢?诚然，有时候，我们会遭遇一些恶劣的命运，但除了认清事实、勇敢接受外，我们还必须努力改变现状，争取走出困境，重新赢取美好的生活。当然这个过程，必定是个经受痛苦的过程，因此，保持一份平常心就尤为重要，否则，人就会永远在痛苦中打转，找不到解脱的光明之路。

人的一生，会遇到成功，也会遇到失败，有一帆风顺的惬意，也有遭受挫折的沮丧，有不期而至的欣喜，也有排遣不去的惆怅，曲曲折折，是是非非，如何面对，关键是心态问题。适时调整好自己的心态，真正做到去留无意，也不是一句话的问题。

首先，我们需要拥有一颗感恩的心，善于发现事物美好的一面，感受平凡中的美丽，那我们就会以坦荡的心境，豁达的胸怀来面对生活中的每一份酸甜苦辣，让原本平淡乏味的生活焕发出迷人的色彩。你会发现，磨难与逆境也不过是飘来的“浮云”，挫折也是人生的一笔财富。没有挫折

的人生，从某种意义上来说是黯然失色的。说“挫折是人生的财富”，最主要的一点是挫折会让我们变得聪明，变得坚强，变得成熟，变得完美。当然，这首先需要我们经得住挫折。

再者，我们需要拥有一份平常心。人生不可能总是大红大紫，不可能总是处于巅峰状态，也有可能处于低谷，也可能遭遇不顺，这就是人生。但总的来说，人生是平淡的，对待平淡的人生，我们也应该让自己的心静下来。懂得了这个道理，得意时你才不至于猖狂；失意时你才不至于绝望，孤独时才不会心情惆怅。

总之，人生的平淡和起起伏伏都是一种生命的轨迹，而只有内心平和的人才能体味其中的真谛。因此，我们不妨以平常心看待生活，用心去享受简单生活中的快乐、幸福！

繁华如梦，平平淡淡才是真

生活在商品经济的大潮里，每个人都要面对物欲横流的红尘世界的诱惑。那些纷纷扰扰的现实，时刻都在迷惑着眼球，欲望追求加快了人们前进的脚步，总觉得不远处的鲜花和掌声正在向我们招手，不容我们用更多的时间去欣赏周遭的风景。当我们殚精竭虑地攫取了满怀的鲜花之时，抑或白发苍苍时，突然就会发现曾经在路边绽放的盈盈小花更加惹人爱怜，然而，我们常常已没有机会再回头去观赏它的淡雅美丽了。

可见，我们要懂得享受那些平淡的快乐，要明白一切繁华皆是过眼云烟。

曾经有这样一个故事：

一个秋日的午后，一个渔夫正躺在沙滩上打盹儿。这时，一位来此观光旅游的富翁吵醒了他。富翁说：“老兄，天气这样好，您今天一定打到了很多的鱼。”渔夫摇摇头。

“您觉得不舒服吗？”

“我的身体棒极了。”渔夫站起来，舒展着四肢。

富翁显出困惑的表情：“那您怎么不去打鱼？”

“我已经打过了。我的筐里有四只龙虾，还捕到了二十几条青鱼，我甚至连明后天的鱼都有了。”

富翁激动起来：“但是请您想一想，要是您每天出海两次、三次，甚至四次……您就能捕到更多的鱼啊！”

“打那么多鱼干什么？”渔夫问。

“打了鱼，卖掉，然后买一条渔船，出海去捕更多的鱼，再赚更多的钱。”富翁认为有必要给渔夫订一个人生规划。

“赚了钱再干什么？”渔夫仍显出那副无所谓的样子。

“组织一支船队，然后就能赚更多的钱。”富翁心里直笑渔夫的愚钝不化。

“赚了更多的钱再干什么?”渔夫已准备回家了。

“开一家远洋公司，不光捕鱼，而且运货，浩浩荡荡地出入世界各大港口，赚更多更多的钱。有朝一日您还可以建一座冷库，盖一座熏鱼厂……您甚至可以坐着直升机飞来飞去找鱼群，用无线电指挥你的渔轮作业。您可以取得捕大马哈鱼的权力，开一家活鱼饭店，无需通过中间商就直接把龙虾运往巴黎，然后……”富翁兴奋得说不出话来。

渔夫拍拍他的背，好像在拍着一个呛着的孩子：“然后怎么样？”

富翁被渔夫激怒了，没想到自己反倒成了被问者：“当然是为了享受生活！”

渔夫笑了：“我每天钓上几条鱼，其余的时间嘛，我可以在暖和的阳光下打打盹儿，还可以眺望大海，看看朝霞，欣赏落日，会会亲戚朋友。我已经在享受生活了，只是您照相机的嚓咔声把我打扰了。”

富翁和渔夫，究竟谁的快乐才是真的快乐，我们不得而知，因为每个人的人生价值都各不相同。但从中，我们得知一个道理，有时候，人们苦苦追寻的目标，却远不及当下已经拥有的生活。在渔夫看来，富翁奋斗了一生，所追求的幸福生活，自己正在享受着：钓鱼，晒太阳，与老婆孩子过着平淡悠闲的日子。区别只在于，富翁度假之后，需要回到他的公司，

继续经营他的产业，渔夫则继续他几乎一成不变的生活。

事实上，现实生活中，很多普通人的心态，却与渔夫大相径庭，他们过着万万不能的“没钱”的生活。所以，人们有理由认为富翁是幸福的，因为可以到山清水秀的地方度假，因为有财富有马仔可以支配。可怜的绝大多数还没有成为富翁的人只能用毕生时间去追求财富，按照富翁指引的方向和方式为钱而奔波，且不知道能否最终成为富翁。而事实上，他们在寻找财富这一棵大树的同时，却忽视了原本就可以为自己带来快乐的大片森林，诸如亲情、友情等。

是啊，有时候我们苦苦追求的所谓幸福与快乐，其实就在眼前，只是我们不知道珍惜和知足而已。我们中的很多人，也许经过多年的打拼和艰苦的奋斗，也会有所成就，然而难道一生就如此忙碌地拼搏到死吗？其实，享受真正的人生之旅比直到那旅程结束时还没有感受到快乐重要得多。

人是一种有着美好憧憬的动物，年轻时，我们总是想着等到老了以后，得到了许多物质的满足之后，再去好好享受，再去环球旅行；当我们有了孩子的时候，总是惦记着让子女好好享受。至于自己到底需不需要享受，自己什么时候享受，从不去认真考虑。所以，事实上，很多人不会享受。享受生活归根结底是一种心境。享受的关键在于寻找快乐的人生，而快乐并不在于其拥有多少、获得多少，生活的物质水平如何，而是在于怎样看待周围的人和事，怎样让自己有一颗接纳一切快乐事物的心。

生活的意义在于感受幸福，在于享受此刻的生活。幸福和爱向来都是孪生兄弟，哪里有爱，哪里就会有幸福的花朵盛开。

丢掉虚荣，让心淡然

我们知道，人人都有自尊心，然而，当自尊心受到损害或威胁，或过分自尊时，就可能产生虚荣心。有人说，虚荣心与欲望是相伴而生的，当我们的内心被虚荣心占据时，很多不合理的欲望也就随之出现了，最终

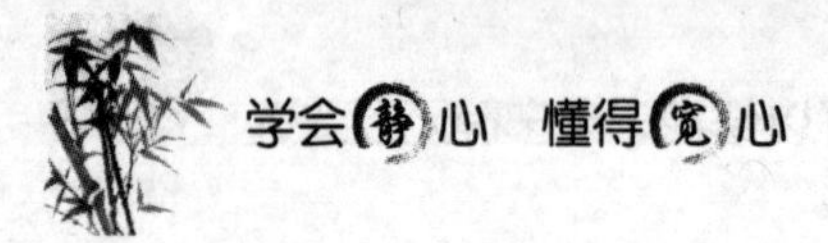

很有可能导致人生观和价值观的扭曲，甚至通过炫耀、显示、卖弄等不正当的手段来获取荣誉与地位。心理学家指出，如果我们不加以控制虚荣心里的话，轻则会影响到我们的心理健康、严重的甚至会让我们产生心理疾病。而只有做到少一些比较，才能多一些开怀。

布思·塔金顿是20世纪美国著名小说家和剧作家，他的作品《伟大的安伯森斯》和《爱丽丝·亚当斯》均获得了普利策奖。在声名最鼎盛时期，他在多种场合讲述过这样一个故事：

那是在一个红十字会举办的艺术家作品展览会上，我作为特邀的贵宾参加了展览会。其间，有两个可爱的六七岁小女孩来到我面前，虔诚地向我索要签名。

“布思没带自来水笔，用铅笔可以吗？”我其实知道她们不会拒绝，只是想表现一下一个著名作家谦和地对待普通读者的大家风范。

“当然可以。”小女孩们果然爽快地答应了，我看得出她们很兴奋，当然她们的兴奋也使我备感欣慰。

一个女孩将她的非常精制的笔记本递给我，我取出铅笔，潇洒自如地写上了几句鼓励的话语，并签上了我的名字。女孩看过签名后，眉头皱了起来，她仔细看了看我，问道：“你不是罗伯特·查波斯啊？”

“不是。”我非常自负地告诉她，“我是布思·塔金顿，《爱丽丝·亚当斯》的作者，两次普利策奖获得者。”

小女孩将头转向另外一个女孩，耸耸肩说道：“玛丽，把你的橡皮借布思用用。”

那一刻，我所有的自负和骄傲瞬间化为泡影。从此以后，我都时时刻刻告诫自己：无论自己多么出色，都别太把自己当回事。

从这个故事中，我们可以得出的一点是，虚荣心要不得。有时候，在我们看来可以炫耀一番的事，也许在别人眼里不值一提，甚至会让他人产生鄙夷的情绪。也就是说，无论如何，我们都要低调一点，绝不可因为自己有一点小成就而沾沾自喜。

日本京瓷公司的创始人稻盛和夫曾说：“欲望和烦恼其实也是人类生存下去的动力，不能一概加以否定。但是，它同时也有狠毒的一面，即

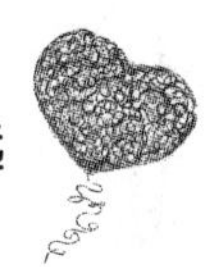

不断使人类痛苦，甚至断送人的一生。如此看来，所谓人类，是何等因果报应的动物啊！因为我们自己生存中不可或缺的动力，同时又是可能致使自己不幸、甚至毁灭的毒素。”事实上，当生活越简单时，生命反而越丰富，尤其是少了物质欲望的牵绊，我们就越是能够从世俗名利的深渊中脱身，感受到自己内心深处的宽广和明净。因此，每一个人都应懂得修剪自己的欲望。

生活中的人们，如果你也有虚荣心，那么，你最好做自己的心理医生，从以下几个方面做好心理调节：

1. 完善自己

一个人如果明白只有完善自己才能逐步提高的道理，也就能转移视线，不仅找到了努力的方向，也会豁然开朗。

2. 尽可能地纵向比较，减少盲目地横向比较

比较分为纵向比较和横向比较。横向比较指的是将自己与他人比，而纵向比较指的是将昨天的自己和今天的自己比，找到长期的发展变化，以进步的心态鼓励自己，从而建立希望体系，帮助个体树立坚定的信心。

3. 正确认识荣誉

通常情况下，虚荣的人都很爱面子，希望得到别人的肯定和赞扬，希望每一个都羡慕自己。要避免形成爱慕虚荣的性格，你就必须以正确的心态面对荣誉。每个人都应该争取荣誉，这是激励自己前进的动力，但绝不能以获得面子为目的。许多事实证明，仅仅为了获取荣誉而工作的人，荣誉往往与他无缘。倒是不图虚荣浮利的人，常常会“无心插柳柳成荫”，于不知不觉中获得荣誉。也就是说，只要我们脚踏实地地做好本职工作，淡化名利，荣誉自然会光顾我们。

4. 脚踏实地

脚踏实地的人懂得通过自己的双手和劳动来获得物质和财富，这样的人才是最可爱的、最令人敬佩的。

总之，你需要明白的是，虚荣心本身说不上是一种恶行，但不少恶行都围绕着虚荣心而产生。这种心理如同毒菌一样，消磨人的斗志，戕害人的心灵。为此，你必须要做到防微杜渐，不要让虚荣心滋生。

不盲目攀比，做内心清澈的人

人与人相处，难免会相互比较，比较之下，就容易发现自己不如人的地方。“魔镜啊魔镜，谁是这世上最美丽的女子？”白雪公主的故事里，恶毒的王后总是一遍又一遍地重复着这个问题。“既生瑜何生亮？”喜欢攀比的人多半要发出这样的感慨，于是他们总是不能开怀。其实，手指各有长短，人与人个个更是自不相同，盲目攀比是我们不快乐的根源，也完全没有必要。

我们不能否认，好胜心能促使我们进步，但如果这种心理变成了盲目的攀比，就会变成一种不切实际的心理焦虑，就等于为自己设置了障碍。实际上，每个人都是单独的个体，都应当有自己的个性。只有坚持走自己的路，放下攀比心，才会活出自我。

老子的《道德经》提倡无为而治，就是让人放下攀比之心，无为而无不为。意思是不攀比而无所不能。无为并不是什么都不做，而是放下攀比之心。因为有了攀比之心，人们就不能按自己的方式去生活、去做事，就会变成大致相同的人。人都有自己的特长，有自己的才能，有自己的价值观。以不攀比之心去做、会做得很好，才会发挥自己最大的价值。

然而，在当前的社会环境中，这种好虚荣、要面子的心理焦虑具有一定的普遍性。要调整这种心理状态，应该客观地认识自己、认识面子问题，不要对自己提出超出自己实际能力的期望值。

张阿姨年纪并不大，今年刚满四十。在她年轻的时候，圆润白皙的脸上，有着很柔和的五官线条。看到邻居小孩的时候，总是要伸手来拧一下孩子的脸，然后说“有空的时候到我家来，给你吃糖”。

刚结婚那段日子，她把家里打扫得非常整齐干净，逢人也总是笑嘻嘻的。在他们那个年代她是非常出色的，相貌端庄，出身好，人也非常能干。

她对丈夫特别好，手也特别巧，结婚了之后，全家老小的毛衣都是她织的。那时候，丈夫也对她特别好，不管冬天夏天，他都坚持给在单位上

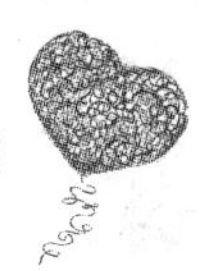

班的妻子送“爱心午餐”。她的名字里有个“娇”字，每天中午，单位的人都会听到他叫“娇，午餐”，于是单位的人就给她娶了个外号叫“娇午餐”。那段时间他们真的很恩爱，也没有人会怀疑这两个人不会白头偕老。

丈夫是做销售的，现在看来是个不错的职业，但80年代初却并不是很容易做。但他很有韧性，拿出当年追她的劲头，硬是把一间快倒闭的小厂的产品弄活了。她们家成了周围亲朋好友羡慕的对象，他们的房子换大了，买了车，女儿进了学费让人咋舌的私立学校。但是，很多矛盾也跟着来了。

张阿姨开始喜欢上了有钱人的生活，每天不是上美容院就是和一群麻友们在一起，女儿的学习不管，丈夫回来也是冷锅冷灶。

还不止这些，她还成了典型的“怨妇”，丈夫和女儿听见的就只有她抱怨美容院的服务态度不好，怎么最近股票又跌了，快要成穷光蛋了……看见女儿一片红的试卷，马上就是又打又骂。丈夫一回来她就训他：这个月的营业额怎么那么少？

刚开始，女儿和丈夫还受得了，可是时间一长，他们父女俩就提出要搬出去住了，后来丈夫提出和她离婚的时候，女儿居然没反对。

这都是欲望惹的祸，这样的女人怎么会有人爱？可能，你的薪水太少、职务太低、工作不顺心、任务繁重，可能你的丈夫不能给你让人羡慕的物质生活，于是，你开始不知足，你开始抱怨；而这些物质生活并不会因为你的抱怨而得到满足。于是，生活中，似乎没有了希望，没有了阳光。而这样怎么会给身边的人带来快乐呢？这种女人自然没有人爱。而一个有修养的人不会让欲望成为自己修养的杂质，她们知道知足常乐的道理，每天锅碗瓢盆的生活也会让她们感受到无尽的幸福。

其实，攀比的心里可能很多人都曾有过。心理学家指出，如果我们不加以控制茫目比较的心理的话，轻则会影响到我们的心理健康、严重的甚至会让我们产生心理疾病。而只有做到少一些比较，才能多一些开怀。

总之，攀比是一把利剑，这把利剑不会伤到别人，只会伤害自己。它刺向自己的心灵深处，伤害的是自己的快乐和幸福。俗话说“人比人，气死人”，攀比是不满足的前提和诱因，人们在没有原则没有意义的盲目比较中导致了心理失衡，胃口越来越大，追求的越来越多，越发不满足。而如果你能放下攀比给你带来的枷锁，让心清澈，那么，你就能活出不一样的自我，快乐就会如影随形。

女人遇事平心静气，以免后悔莫及

女人不会在流动的水面上去映照自己的形象，只有在清流平缓的水面上，才能看清楚自己的容颜。同样，女人需要行动或决策时也要保持平心静气的心态，这样才能抑制自己躁动的心绪，不至于产生让自己后悔莫及的不良后果。

我们的生活像一条时而平静时而奔涌的河流。平静的生活总会被突如其来的事件打破，它们大至学业、工作、事业、恋爱婚姻，小至为人处世、日常起居。女人在面对这些不期而遇的事情时，应做到平心静气，抱以平常心；无论什么事，不可强求，顺其自然就行，不必自寻烦恼。

周太太有一个美丽的花园，园子里长满了争奇斗艳的花朵。但是要打理这个花园并不是一件轻松的事。才过几天，园子里水泥花砖的缝隙里就长满了杂草，周太太不得不拿着工具去除杂草。因为方砖的缝隙很窄，加上她最近身体有些发福，蹲了没多久就腰酸背痛了，看着那些杂草她也很恼怒。

女儿放学回来看见她在除草，觉得有趣，也过来帮忙。女儿一边跟她讲今天学校里发生的好玩的事情，一边用稚嫩的小手除草，周太太看着女儿干得这么起劲，心情也好了一点。不过，正在她们要干完的时候，女儿不小心弄疼了手指，眼泪马上流了下来；虽然手指并没有流血，但她还是哭个不停。

本来就已经很疲劳的周太太被女儿这一哭弄得更烦了，马上就要发起火来。但是转念一想，其实本来是自己心情烦躁，不应该把女儿当作出气

筒。于是，她压住怒火，对女儿说“你看看这些草，能够从怎么狭小的缝隙里长出来，它们是多么顽强啊，你应该像它们一样坚强！”

女儿定睛看着脚下的青草，擦着眼泪点点头。她们继续干活，忽然女儿说：“草长出来这么艰难，我们就留几棵吧。”周太太答应了女儿的要求，结束了她们的除草活动。留下的几棵草越长越高。有一天，周太太下班回家，她的女儿高兴地对她说：“草儿开花了！”

那几棵长在角落里的草果然开出了星状的小花，这些小花给她的花园增添了另一番别具风味的景色。周太太想，前些天它们还是给我带来麻烦的杂草，现在竟然成为我家院里最早开花的植物了。生活中总是有着接二连三的烦恼，其实它们是生活的一部分，如果我们平心静气对待它们，烦恼也会开花的……

从周太太的故事中我们可以得到启示，遇到烦心事一定要保持平心静气。要是她没控制好自己的情绪，对女儿大发雷霆，不仅会给女儿幼小的心灵留下阴影，也不会收获花园里那一抹独特的风景。正是及时用平心静气的态度，才没做出会让自己后悔的事情。生活在尘世之中的女人保持平心静气的心态是一件非常重要的事，因为这样你才不会说错话、做错事，它会让女人消除紧张、忧虑、压力，回到平常生活的世界里，从而能充分地准备应付将要到来的第二天。

第二次世界大战即将结束的前几天，有人说杜鲁门总统比以前任何一个总统都更能担负总统职务的压力与紧张；认为职务并没有使他衰老，或者吞噬了他的活力，认为这是很不简单的事；特别是身为一个战时总统，要遇到很多难题，就更加显得不简单了。对此，杜鲁门总统的回答是：“我的心里有个掩护自己的散兵坑 。”他又说，像一个战士退到散兵坑以保护自己一样，他可以定时地退入自己心里的散兵坑去休息、静养、不让任何事情打扰他。

其实，杜鲁门总统的散兵坑就是我们上面所说的平心静气的态度。作为一个战时总统，他面临决策的压力要比我们正常人不知多了多少倍。但他内心平心静气，犹如一间安静的房子，像是海洋深处不受侵扰的安静的中心，可以全然不顾海上兴起的惊涛骇浪。对于平心静气的女人而言，在遇到困境时，除了会本能地承认事实，摆脱自我纠缠之外，还有一种趋利避害的思维习惯。这种趋利避害，不是为了功利，而是为了保持情绪与心境的明亮与稳定。

对某些女人来说，她天生就是个沉着冷静之人，那心情就不会有太大的变化。但有些女人则不然，心情很容易发生变化，不但别人摸不清，自己也很苦恼。不过，还是可以通过一些方法来协助你保持一种平静的心情。如可以每天可以抽出一段时间来思考自己的心情变化，如果有什么收获，就把它记在自己的心情日记上；日积月累，你会发现自己每天的情绪起伏，强化保持心情平静的动力。或者找个好朋友倾诉内心的急躁与焦虑，一个好朋友可以给你提供至关重要的建议，甚至是解决问题的最好方法。当你发现无论如何也不能冷静下来的时候，试试用冷水洗脸。冷水会降低皮肤的温度，消除心理的急躁感觉。闭目养神深呼吸，把眼睛闭上几秒钟，再用力伸展身体，可以使你心神安定。

此外我们还可以学习宗教中的静坐和冥想。打坐不仅有利于腿部经脉的疏通和血液流通，有益于身体健康，更重要的是它能让你静下来、沉下去，是一种让我们重新认识自我的方式。当我们感到快乐的时候，很难静下心来，反之痛苦难过的时候亦很难静下心来。而打坐看似简单，但却是非常有效的帮助你能沉静下来的方式。

第3章 人我是非，非平静无以明思

“宁静可以致远”，一个人只有在内心平静的时候，大脑才会更加清醒，身心才能彻底放松下来。我们生活的环境越是浮躁、焦虑，我们就越是需要时间宁静地独处。倘若你能够时常留出时间来独处，甚至享受孤独和寂寞的滋味，那么你必定拥有一颗成熟的、淡定的、平静的心灵。

世事繁杂，关注太多反而会乱了心神

人生在世，谁都希望自己明天走得是一条光明的康庄大道。但我们的精力是有限的，要想有所建树，我们就不可能关注太多，否则，只会乱了心神。尼采曾经说过这样一段话：“若是对自己周围的事物都有兴致，那最后你只能成为一事无成的空壳；一些人将目标投向各种事物只是为了填补内心的空虚。诚然，好奇心会激发我们身上的潜能，然而，人生苦短，我们没有精力去经历所有事，我们应该趁着年轻时脚踏实地，认清自己前进的方向，并沿着这一方向不断钻研，这样一定能令自己更加贤明与充实。”很明显，尼采的这段话是要告诉我们，要趁年轻，专注于一件事，并脚踏实地去做。伊格诺蒂乌斯·劳拉有一句名言：“一次做好一件事情的人比同时涉猎多个领域的人要好得多。”在太多的领域内都付出努力，我们就难免会分散精力，阻碍进步，最终一无所成。

福韦尔·柏克斯顿认为，成功来自一般的工作方法和特别的勤奋用功。他坚信《圣经》上的训诫：“无论你做什么，你都要竭尽全力！”他把自己一生的成就归功于“在一定时期不遗余力地做一件事”这一信条的实践。

然而，现实生活中，我们发现，有这样一些人，他们似乎总是心浮气躁，他们有太多的空想，要么同时对很多事都感兴趣，要么当手头事出现阻碍时就把目标转移。但是，任何目标的实现，正像许多人所做的那样，不仅需要耐心的等待，而且还必须坚持不懈地奋斗和百折不挠地拼搏。切实可行的目标一旦确立，就必须迅速付诸实施，并且不可发生丝毫动摇。

包维尔自小就十分喜欢摄影。大学毕业后，他喜爱摄影到了痴迷的程度，无心去挣钱工作了。从此包维尔过着简单的生活，从不理会自己的生活是富有还是贫穷，只要能够摄影也就够了。他穿着破裤子，吃着最简单的汉堡包。在别人眼里，他是困苦贫穷的象征。而包维尔自己却过得异常快乐。

在他27岁时，他的人物摄影技术开始登峰造极，成为了世界公认的人物摄影大师，并为英国首相拍摄人物照，从此一发而不可收。至今他已为全世界一百多位总统、首相拍过人像摄影；而请他摄影的世界名流更是数不胜数，排队等候一两年是常事。包维尔是一个真正的世界顶尖级摄影大师。

从包维尔的故事中，我们看到，在追求人生目标的过程中，只有内心平静、做事专注的人，才能从容不迫、不骄不躁地沉淀自己，才能最终有一番成就。

通常来讲，越是有所追求、想干点事的人可能遇到的烦恼和痛苦就会越多；只要凡事达观一点，看开一点，相信自己，终会心想事成。

为此，我们需要明白一个道理：不要有太多的空想，而要专注于眼前的工作。在生活中的多数情况下，对枯燥乏味工作的忍受和含辛茹苦，应被视为最有益于身心健康的原则，为人们所乐意接受。阿雷·谢富尔指出：“在生活中，唯有精神的肉体的劳动才能结出丰硕的果实。奋斗、奋

斗，再奋斗，这就是生活，唯有如此，也才能实现自身的价值。我可以自豪地说，还没有什么东西曾使我丧失信心和勇气。一般来说，一个人如果具有强健的体魄和高尚的目标，那么他一定能实现自己的心愿。”

18世纪早期就读于牛津大学的圣·里奥纳多在一次给校友福韦尔·柏克斯顿爵士的信中谈到他的学习方法，并解释自己成功的秘密。他说：“开始学法律时，我决心吸收每一点获取的知识，并使之同化为自己的一部分。在一件事没有充分了解清楚之前，我绝不会开始学习另一件事情。我的许多竞争对手在一天内读的东西我得花一星期时间才能读完。而一年后，这些东西，我依然记忆犹新，但是他们，却早已忘得一干二净了。”

的确，成功者之所以成功，就是因为在专注的过程中，经过了沮丧和危险的磨炼，才造就了天才。而要做到专注，最重要的还是要做到静心，心静才能不被周围那些诱惑之事蒙蔽双眼，才能一心一意专注于手头事。

在每一种追求中，作为成功之保证的与其说是卓越的才能，不如说是追求的目标。目标不仅产生了实现它的能力，而且产生了充满活力、不屈不挠为之奋斗的意志。因此，我们需要记住的是，世事繁杂，我们不必关注太多，只要做好手头事、着眼于当下，一步一个脚印，你就会有所收获。

让心沉静下来，才会思考更多

人是群居动物，因此，独处的时候，我们常常会感到寂寞。寂寞的时候，你是品品茶，喝喝酒，还是唱唱歌、翻翻书？你是安静地坐一坐，还是悠闲地散散步，还是赶快到人群中去寻找情感的共鸣、心灵的慰藉？实际上，耐得住寂寞的人，或者会排遣寂寞的人一定懂得生活；忍受得住孤独的人或者会享受孤独的人，即使成不了伟大的人物也必然会有一颗伟大的心灵。因为乐享寂寞的人的心态必定是淡定的，他们常会选择以独处的方式来思索人生、思索问题，进而提升自我。

南宋僧人曾作一偈："身是菩提树，心发明镜台。时时勤拂拭，勿使惹尘埃。"实际上，任何一个人，行走于世的时间长了，他的身心难免都会沾染上尘世中的尘埃；如果不停下来好好清理自己的心灵，那么，我们的心很容易堆满灰尘。我们身边有很多活得洒脱、快乐的人，他们的共同特质在于，无论外界多么嘈杂，他们总会在自己的心底留一片净土。

那些真正心静的人，崇尚简单的生活，极少的抛头露面，换来的是对人生、对社会的宽容、不苛求和心灵的清净；他们像秋叶一样静美，淡淡地来，淡淡地去，给人以宁静，给人以淡淡的欲望，活得简单而有韵味。

我们再来看下面一个白领女性的微博：

夏日的晚上总算还是清凉的，看着熟睡的孩子和老公，我端起一杯冰柠檬茶，打开电脑，忙了一天，终于可以找找自己的娱乐了。

我习惯先看自己的微博。今天，不知道在朋友、同事间发生了什么样的事，看完微博后就一目了然了。看来，微博已经成了现代人互动和联系的一个重要平台，我们也已经习惯了在这里互相问候、谈论自己的家庭琐事。

有时候，觉得自己很累，尤其是白天繁重的工作压力和孩子的吵闹声，使我觉得结婚对于我来说就是个错误。但只要看到熟睡的家人，我的心又多了一份安宁。

其实我是爱好文字的，夜深人静的时候，我总喜欢写一些无关痛痒的东西，只要一下笔，心中所有的郁闷都不见了。老公也曾说我的文笔不错，问我要不要写本书。其实，我觉得，文字只是记录心情而已。

对于生活，我总是抱着知足的心态。太多的幻想都不太切合实际，过好当下的生活最要紧。所以，无论是微薄的薪水，还是全家五口人挤在八十平方米的房子里，我都觉得无所谓；我更不会去羡慕他人的大房子、他人的社会地位等等。朋友都说，我这人看的透彻。其实，我想说的是，如果我们都能在夜深人静的时候，好好想想自己要的到底是什么，也许我们都能得到答案，也就没有了那些浮躁之气。

诸葛亮说"非宁静无以致远，非淡泊无以明志"。一个人，只要沉静下来，才会思考自己、思索人生。相反，假如我们让心随波逐流的话，那

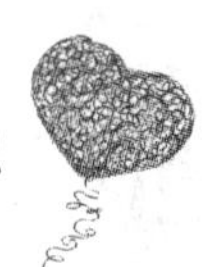

么必定流于俗套，为了眼前的浮华而拼命去追逐、去求索，这样的人生非但不能宁静，而且不能淡泊。处于喧嚣的尘世中久了，你会习惯众人聚集的生活，这个时候，你已经再也忍受不了孤独，更谈不上享受孤独了。

尘世中的我们，也应该有这样一份安然、宁静的心。然而，人世间有太多会扰乱我们心绪的因素，对此，我们就需要养成在安静中思考、在独处中倾听内心声音的良好习惯。你一个人待着时，你是感到百无聊赖、难以忍受呢，还是感到一种宁静、充实和满足？对于有“自我”的人来说，独处是让内心清静下来的绝好的方法，是一种美好的体验，固然寂寞，但却有利于我们灵魂的生长。

总之，我们每个人都要做一个耐得住寂寞的人，只有这样，才能够挖掘出另一个自己；你也许会发现自己的某些惊人的力量；也可能会发现自己的缺点或者做得不够好的地方，然后加以改正，使自己不断进步，并能够扬长避短，发挥自己的最大潜能，从而不断获得成功。

适时放弃才是明智之举

人生在世，我们想要的实在太多。我们都曾有自己的梦想，但我们所想要的，并不是都能得到，我们的梦想也不一定都能实现。社会大舞台上，每个人都是自己生活和生存方式的编导兼演员，只有学会正确地进行选择，有所为，有所不为，学会放弃，才能演绎出精彩的人生。因此，哲人常说，适时放弃才是明智之举。

人们执着的东西太多，或执著于名与利，或执著于一份痛苦的爱，或执著于虚无的某个梦想。直到数十年的光阴逝去后，才感叹人生的无为与空虚。很多时候，我们因为太过固执，总认为我一定要怎么样，此时，所谓的理想却成了束缚我们的负担。

其实，很多时候，人们执念的存在、放不下内心的执著，多半是因为他们做不到静下心来思考，于是人云亦云、追寻他人的脚步，我们自然无法做出明智的抉择。

因此，当你处于困顿之中、不知如何选择时，不妨沉静下来，给自己一段独立思考的时间，相信你能找到答案。

俗话说，拿得起，放得下；反过来理解放的下的人，才能拿得起；该扔的扔，有些无谓的坚持是没有任何意义的。放下既是一种理性的决策，也是一种豁达的心胸。当你学会了放下，你就会觉得，你的人生之路会宽广很多。

两个贫苦的村民夫靠上山捡柴糊口。有一天，他们在山里发现两大包棉花，两人喜出望外。棉花的价格高过柴薪数倍，将这两包棉花卖掉，可供家人一个月衣食丰足。当下，两人各自背了一包棉花，赶路回家。

走着走着，其中一名村民眼尖，看到山路有着一大捆布。走近细看，竟是上等的细麻布，有十多匹。他欣喜之余，和同伴商量，一同放下肩负的棉花，改背麻布回家。

他的同伴却有不同的想法，认为自己背着棉花已走了一大段路，到了这里丢下棉花，岂不枉费自己先前的辛苦？坚持不换麻布。先前发现麻布的村民屡劝同伴不听，只得自己竭尽所能地背起麻布，继续前行。

又走了一段路后，背麻布的村民望见林中闪闪发光，待走近一看，地上竟然散落着数坛黄金，心想这下真的发财了。于是赶忙邀同伴放下肩头的棉花，改用挑柴的扁担来挑黄金。

同伴仍是不愿丢下棉花，并且怀疑那些黄金不是真的，劝发现黄金的村民不要白费力气，免得到头来一场空欢喜。

发现黄金的村民只好自己挑了两坛黄金和背棉花的伙伴赶路回家。走到山下时，无缘无故下了一场大雨，两人在空旷处被淋了个湿透。更不幸的是，背棉花的村民肩上的大包棉花吸饱了雨水，重得无法再背得动，那村民不得已，只能丢下一路辛苦舍不得放弃的棉花，空着手和挑黄金的同伴回家去。

故事中的这两位村民为什么有如此的不同？很简单，因为背棉花的村民不懂变通，只凭一套哲学，便欲强渡人生所有的关卡。而另外一位村民则善于及时审视自己的行为。

的确，在追求目标的路上，应审慎地运用你的智慧，做最正确的判

断，选择属于你的正确方向。同时，别忘了随时检视自己选择的角度是否产生了偏差，并要适时地进行调整，千万不能像背棉花的村民一样，时时留意自己执著的意念是否与成功的法则相抵触。追求成功，并非意味着你必须全盘放弃自己的执著，去迁就规则，而只需你在意念上做合理的修正，使之契合成功者的经验及建议，即可走上成功的轻松之道。

诚然，在激烈的社会竞争中，离不开胆魄、勇气、意志力，并且需要思想和智慧。一个没有头脑的人，一旦遇到阻碍，就会为自己设置一个“不可能”的思维模式。而事实上，只要你转换一下思维，拓宽自己的思路，出路就会出现在眼前。

当然，要想开拓思路，你就必须懂得反省，及时悬崖勒马。当我们的思维活动遇到障碍，陷入困境，难以再继续下去的时候，往往都有必要认真检查一下：我们的头脑中是否有某种定势思维在起束缚作用？我们是否应该换个角度去看问题了？

你需要敢于开拓和尝试。变通思维是创造性思维的一种形式，是创造力在行为上的一种表现。思维具有变通性的人，遇事能够举一反三，闻一知十，做到触类旁通，因而能产生种种超常的构思，提出与众不同的新观念。科学领域中的任何建树，都需要以思维的变通为前提。一般来说，变通思维用好了，就会起到一种“柳暗花明”的奇妙作用。

在这个世界上，从来没有绝对的失败。在现实生活中，善于思考问题、善于改变思路的人总能给自己赢得机遇，在成功无望的时候创造出柳暗花明的奇迹。在工作中也是如此，你总会遇到各种条件的限制，但你的思路绝不能被钳制住，只要思路是活的，就一定能找到出路。

让躁动的心归于平静，静心方能明思

现代社会，凡事都向方便快捷的方向发展，不管是爱情、友情，还是工作、生活，人们总是行色匆匆，急功近利。在这种生活状态下，人际关

系、工作压力等繁杂的事情，使人们在不知不觉之间就陷入各种各样的负面情绪之中，诸如烦恼、压抑和失落等。也许是人们已经对这个快餐时代感到麻木了，也许是人们已经习惯了这种紧张忙碌的生活，越来越多的人无法真正地静下心来彻底地思考自己，思索自己的人生。在情绪的怒海之中，他们宛如失去方向的一叶扁舟，不得不任不快、烦恼、茫然日复一日地折磨着自己。这样一来，必将导致失眠、精神郁闷，甚至还会患上轻度或者重度的抑郁症。

其实，要想摆脱这种状态很简单，就是安静下来，留给自己独处的时间。当你感觉情绪压抑、心情紧张的时候，当你感觉在生活中失去方向、陷入迷茫的时候，请学会安静地独处，给自己留点时间用于品味生活。找个清静的地方待一待，从纷乱嘈杂的现实中退出来；在安静、沉寂中思考自己的人生，扪心自问自己想要怎样的生活；学会独处，让自己躁动不安的心逐渐归于平静。其实，生活中的很多烦恼和不快都来自于自己的内心，要想平衡心理问题，就必须心静。

独处时的安静，并不是我们平时所说的外在世界的安静，而是身与心和谐相连时，才能达到的和谐境界。一旦我们的身与心赤裸裸地相遇，就会马上暴露出我们平常的身心相处的状态——是身心一致呢？还是身心分离呢？独处时的安静，要求我们的身心高度和谐一致，要求我们必须全身心地专注于自己的身心，只有这样，才能真正达到宁静致远的境界。

夜幕降临，喧闹的城市也已经安静下来了。

林先生和所有的城市白领一样，在忙完了一天后，准备回家，但心情郁闷的他还是决定去呼吸一下新鲜空气。今天，他和上司吵架了，他们在下半年的年度计划安排上产生了很大的分歧，上司批评了他，他在考虑要不要辞职的事。

他把车停在了护城河边上，接下来，打开了自己喜欢的轻音乐，然后靠在了椅背上，他觉得自己好累。在这家公司工作五年了，五年来，他一直很努力，但不知道为什么他好像总是得不到上司的肯定，也一直没有得到升职的机会。可以说，他在这家公司一直工作得不开心，这到底是自己的原因还是什么别的原因呢？

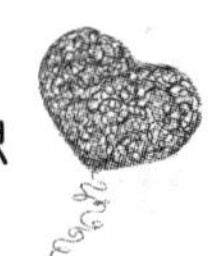

他反复思考着这个问题，最终，他发现，原来自己根本不喜欢这份工作。他一直倾向于设计类的工作，从大学开始，这就是他的职业理想，但毕业后的他却因为生计问题选择了现在的工作。

想通了以后，他轻松了很多。第二天，他将辞呈递给了上司，然后离开了公司，这让很多同事感到愕然，但内里原因只有他自己知道。

这则案例中，林先生为什么做出辞职这个重大决定？因为他静下心来发现，自己的职业理想并不是现在的工作。这就是独处的力量！

生活中的我们，也应该安静下来问自己，我们到底是在不断提升自己，还是只顾面子，不肯跟自己“摊牌”呢？或许有正直不阿的指导者，曾经指出你身上存在的问题，但可能你根本不愿意承认这点，因为你不愿意让他人看透自己。

所以，一切注重灵魂生活的人对于卢梭的这句话都会有同感：“我独处时从来不感到厌烦，闲聊才是我一辈子忍受不了的事情。”这种对于独处的爱好与一个人的性格完全无关，爱好独处的人同样可能是一个性格活泼、喜欢朋友的人，只是无论他怎么乐于与别人交往，独处始终是他生活中的必需。

任何一个人，只有学会倾听自己内心真正的声音，才可能不断挖掘出自身发展过程中不足的部分。面对激烈的竞争，面对瞬息万变的环境，那些不愿意反省自己或者不愿意及时改正错误的人，必将面临衰败的结局。同时，在快节奏的信息社会中，一个人如果不能及时察觉自身的缺点，不能用最快的速度修正自己的发展方向，也必然会在学业和事业中落伍，被无情的竞争所淘汰。

在独处时，我们能从人群和繁琐的事务中抽身出来，这时候，我们独自面对自己和上帝，开始了理智与心灵的最本真的对话。诚然，与别人谈古论今、闲话家常能帮我们排遣内心的寂寞；但唯有与自己的心灵对话、感受自己的人生时，才会有真正的心灵感悟。和别人一起游山玩水，那只是旅游；唯有自己独自面对苍茫的群山和大海之时，才会真正感受到与大自然的沟通。

冷静下来，认识真正的自己

很多时候，走在川流不息的大街上，看着熙熙攘攘、摩肩接踵的人群，我们突然间觉得很迷惑：我是谁？来这里干什么？在生活中，人们很难认清楚自己是谁，因而也就很难找到自己想要拥有什么样的生活，脚下的道路又是通往何方的。早在2000年前，古希腊人在德尔斐神庙的一侧刻上了“认识你自己”的警世之语。几千年了，这句话至今仍然在风雨之中傲视着世人。遗憾的是，迄今为止，人们仍然无法肯定地说自己已经实现了“认识自己”的远大目标。

先哲说：“人生的真谛在于认识自己，而且是正确地认识自己。”然而，我们不是在喧嚷中认识自己，也不是在人群之中认识自己，而恰恰是在寂寞的时刻认识自己，于独居的时刻认识自己，犹如深夜的月光洒落在纯净无瑕的窗户之上。任何一个拥有自我的人，都能做到静静地倾听自己内心的声音，以此认识到自己不为人知的另一面，这一面或许是为人处世中的不足与优势，或许是某种特长等。但无论是哪一方面，只要我们能及时探究出，就有利于自身的发展。

闹市中的人们是听不到自己的心底的声音的。然而，我们不难发现，我们生活的周围，一些人却把命运交付在别人手上，人云亦云，盲目跟风，他们忽视了自己的内在潜力，看不到自身的强大力量，甚至不知道自己到底需要什么，不知道未来的路在哪里。于是，他们浑浑噩噩地度过每一天，一直在从事自己不擅长的工作和事业，以至于一直无所成就。因此，我们要做到的是倾听自己内在良知的声音，寻找到属于自己的人生意义，然后勇往直前坚持到底。

可以说，我们只有在处于孤立的时候，才更易于接近我们的灵魂，从而帮助我们认识到另外一个自己。这是信仰的开始，是省悟的开始。

哈佛大学校长来北京大学访问时，曾经讲述了一段自己的亲身经历：

有一年，这个校长心血来潮，准备过一段时间与众不同的生活，于是，他向学校请了假，然后告诉自己家人，不要问我去什么地方，我每个

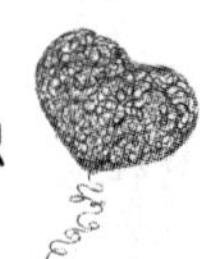

星期都会给家里打个电话，报个平安。

接下来，他一个人，带着简单的行李，去了美国南部的农村，开始了他所谓的与众不同的生活——农村生活。他到农场去打工，去饭店刷盘子。在田地做工时，背着老板吸支烟，或和自己的工友偷偷说几句话，都让他有一种前所未有的愉悦。最有趣的是最后他在一家餐馆找到一份刷盘子的工作，干了四个小时后，老板把他叫来，跟他结账。老板对他说："可怜的老头，你刷盘子太慢了，你被解雇了。"

三个月后，这个"可怜的老头"重新回到哈佛，回到自己熟悉的工作环境后，却发现，一切原本熟悉的东西顿时变得新鲜起来了，工作成为了一种全新的享受。

可能对于这位哈佛校长来讲，这三个月的经历，简直就像一个调皮的孩子搞的一次恶作剧，新鲜而有趣。自己原本扬扬自得，甚至呼风唤雨的哈佛大学校长职位，自己原本认为的博学与多才，在新的环境中一文不值。更重要的是，回到一种原始状态以后，就如回到了同儿童眼中的世界，也不自觉地清理了原来心中积攒多年的"垃圾"。

不得不说，随着生活节奏的越来越快，竞争的越来越激烈，人们的物质需求也越来越多。然而，假如不能很好地认识自己，知道自己所真正追求的是什么，不知道人生的目标，那么，就很容易形成自满、自负、自我陶醉的心理，甚至还会产生虚荣心理。在物质利益的诱惑面前，很多人把持不住自己，盲目地为了追求利益而做出很多有违人性的事情；还有的人虚荣心膨胀，喜欢哗众取宠、炫耀自己，无法客观地、正确地评价自己。与此相反，还有的人总是喜欢和比自己能力强或者物质条件好的人相比，很容易产生无能心理，觉得自己一无是处，因而自我贬低……为了避免上述种种情况的发生，我们每一个人都应该正确地认识自己，意识到每个人都有自己的长处和短处，都有自己拥有而别人没有的东西，都有属于自己的幸福。只有这样，才能以平静的心态坦然地面对生活。

把每一天都当成生命的第一天

有人说，生命就像一次旅行，在这段旅行中，我们会遇到艰难险阻，会遇到暴风骤雨，会遇到阳光灿烂，会邂逅美丽风景，会遭遇荆棘丛生。但无论如何，只要我们对自己的心灵有约，就会以全身心拥抱生命，即使饱经风霜，我们依然对生命充满热情，感悟生命中的点点滴滴；更能感受到生命之旅中，那些沉重的雨点击打时所带来的震撼和激情。的确，阳光落下了还有明天；鲜花落下了还有果实；青春落下了还有成熟。只要你能驾驶，帆落了还有桨；只要心中充满希望，月亮落下了，还会升起太阳。

对生活充满热情，我们的旅途就会时时处处生长着绿意和生机，我们的生命就会无与伦比。因此，我们应该把每一天都当成生命的第一天。

有这样一个年轻人，他认为自己已经看破红尘，于是，他什么都不干，每天只是懒洋洋地躺在树底下。

有一个智者见到此景，想开导他，于是就问他："年轻人，你年纪轻轻的，怎么不去工作、赚钱？"

年轻人说："没意思，赚了钱还要花掉。"

智者又问："你怎么不结婚？"

年轻人说："没意思，现在多少离婚的。"

智者说："你怎么不交一些朋友？"

年轻人说："没意思，交了朋友弄不好会反目成仇。"

智者给年轻人一根绳子说："那这样吧，你干脆用它了结生命吧。反正也得死，还不如现在死了算了。"

年轻人说："我不想死。"

智者于是说："生命是一个过程，不是一个结果。"年轻人翻然醒悟。

这就叫"一句话点醒梦中人"。一个年纪轻轻的人，却变得老态龙钟，什么都不愿尝试，对生活失去热情，这样，生命还有什么意义呢？安诺德曾说："世界上最糟糕的事，莫过于人类丧失了他的热情。只要仍保

有热情，即使失去了一切，他仍旧能够东山再起。”热情的原义，是“神在其中”；我们原都拥有它，而我们应该做的，便是使它重燃再现。

生命是一个过程，不是一个结果，如果你不会享受过程，结果到了是什么大家都知道。生命是一个括号，左边括号是出生，右边括号是死亡，我们要做的事情就是填括号，要争取用精彩的生活、良好的心情把括号填满。

怎么享受生命这个过程呢？把注意力放在积极的事情上。生命如同旅游，记忆如同摄像，注意决定选择，选择决定内容。

因此，每天清晨，当我们起床后，都应该给予自己积极的心理暗示。如果你在内心告诉自己，我是健康的、积极的，那么，你就会健康、积极起来。假装热情，你也就会变得热情起来。然后照照镜子，给自己一个微笑，永远用你漂亮的面容，温暖而热情地对待你的家人。别忘了，是你主宰了你的家庭生活，你可以让每一天都光辉灿烂，也可以让每一天都阴暗忧郁。

然而，我们生活的周围，有些人为了彰显自己超然于物外，他们宁愿独处，不交朋友，他们“以自我为中心”而且“被动”，等着别人先关心自己再建立关系。事实上，久而久之，他们便真的失去了朋友，内心世界也真的孤独了。其实，在喧嚣的人世间，我们要保持内心的宁静，只要静下心来，坚定自己的信念，而不是把自己孤立起来。因此，从现在起，不妨大胆地走出自我限定的局限吧：

第一，交几个知心朋友。

“千里难寻是朋友，朋友多了路好走”“朋友是自己成功的阶梯”“朋友是人生中宝贵的财富”，这些话都说明了朋友对人们的重要性，也说明了人们对友情的渴望。两个亲密的朋友会无话不谈，即使是在很远的地方也能够感觉到彼此之间的存在，会互相帮助，共同成长，这是对自己有益无害的朋友。打个比方说，当你不小心割伤了手指时，你一定会立刻找创可贴。当你在心里遇到什么不开心的事情时，你肯定需要有人在旁边支持你，给你打气。要很好地处理好压力，你必须要有强大的“后备力量”。也就是说，我们只有具备几个可以掏心掏肺的知己，才能在需要他们时，让他们挺身而出。

第二，心情不好时最好能找帮助你排遣压力的知己倾诉。

如果你把你的压力和困扰告诉朋友，可以让你觉得舒服些的话，这未尝不是个好方法。把你的困扰说出来，也许你会觉得舒服很多。你也可以找一些可以信任的朋友，一起出去喝喝咖啡，把你的困扰告诉他们。

事实上，日常生活中也充满了交友的机会。例如在每天上班搭乘的公车里、在图书馆中、在公园中遛狗时……我们经常可以在合适的时刻与人交谈。若有机会（例如两人每天上班必须搭同一班车），双方就可以进一步成为朋友。即使没有机会，一个微笑、一句问候的话，都可以带给自己和别人一些温暖，让这世界变得美好些。

总之，无论我们经历过什么，从今天起，都要做个简单的人，踏实务实，不沉溺幻想，不庸人自扰。要快乐，要开朗，要坚韧，要温暖，永远对生活充满希望，对于困境与磨难，微笑面对。

总拿别人当镜子，你不会心安

如今社会，女人早已走出家庭，走出自己的小世界。随着她们社交圈子的扩大，女人喜欢拿自己和身边的人比较，喜欢拿别人当镜子，因此也总是照出了自己不满意的地方。其实，总拿别人当镜子，你就成了别人的仿制品和附庸，你将很难发现自己的优势所在，而个性也会荡然无存。

女人要善待自己。别人有的，你不必强迫自己也去拥有，不然只会让自己活得很累。为自己而活，人生才会更加精彩。

相互攀比的生活作风来源于总是拿别人当镜子，别人有的，自己也渴望拥有，不然就认为自己是有缺失了，不幸福了，这种现象在现今的女大学生中尤为明显。

虽然女大学生们出身于贫富不等的家庭，但她们无一例外基本上都是靠父母的资助完成学业。但是在许多大学里，早已开始弥漫着一种攀比、

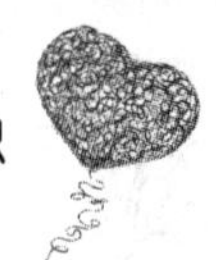

奢侈之风，有些女大学生的消费已高出自己的生活所需。

在师专上大一的小李，高中时是个简谱单纯的好学生，每月的生活费才300元；而当她上了大学以后，每月的生活费大约在五六百元。父母也曾问过她一个月真的需要那么多的生活费吗？她就说这是她们班的平均水平。的确，在她们班里像她这样每月五六百元生活费的学生不在少数，有的甚至达到800元。小李坦然承认她的生活费确实高了点，但是看到许多同学打扮时髦、频频请客比阔气，在攀比心的驱使下，她也开始买起了名牌服装和化妆品。因为在校园里，如果你在金钱上节省的话，就会被同学当做笑柄。

女大学生还是个没有经济来源的群体，她们的花销更多的还是来自家庭父母的无私奉献。但许多时候她们不顾目前自身的财力，相互攀比，助长了"盲目消费"的风气，这使得她们原本自然的天性变得自私虚伪，并让父母承受了沉重的经济负担，这并不是明智之举。

女人喜欢拿别人当镜子不仅仅表现在对物质的追求上，还表现在性格特征上，这就出现了很多"特立独行"的女人。殊不知，个性是自己的，不需要和别人一样。

弗里达·卡洛，是一个、一直被死亡缠绕着的女人。她是一起严重车祸的受害者、一个在美国成为"大西洋海岸最热门的人物"的残疾绘画者、一个一生经历了大小32次手术和3次流产，最终瘫痪，依赖麻醉剂活着的女人，一个用自己的画撰写自传的强人……

弗里达是一位美丽的女人，即使稍有瑕疵，也并没有减弱她的魅力：两条眉毛在前额连成一线而不断开，迷人的嘴唇上依稀可见一撇胡子，杏人状的眼睛是乌黑的，眼神稍稍有些向上外睥睨。她的智慧和幽默就在那双眼睛里，她的情绪也表露在其中：或好奇或迷人，或疑虑或内敛。她的眼光有着一种让人毫无掩饰的锐利，别人会觉得犹如被一只豹猫所注视。

1922年，弗里达·卡洛进入了墨西哥最好的国立预科学校。在这女生不多的学校里她是个假小子，在校期间还有过同性恋的经历，曾因恶作剧差点被开除。在这里她结识了不少文学团体里的朋友，并与杰出诗人卡洛斯·佩利塞成为了关系很深的朋友。她天生就喜欢不平凡的人物。

她的第一幅画成功地将自己画成了一个美丽的、脆弱的、但有活力的女人。因为失恋，她以一次视觉上的恳求在觉得失去最爱的人的时候所作出的一种爱的赠予，以至后来她的自画像成了对她命运起关键作用的有魔力的护身符。

从1925年起，弗里达的生活是一场对付健康状况日益恶化的磨难。她从开始把画画作为消遣到后来慢慢地沉浸于艺术之中了。她画死亡，她喜欢说"我逗弄并嘲笑死亡，所以它不让我好起来。"但她不画车祸，然而正是一次车祸将弗里达引向了绘画。作为一个成熟的画家，她用发生在自己身体上的事来画她的思想状态——来定格她的发现痛苦与力量两者都渗透在她的绘画之中，她最具特征的画是《破裂的脊柱》。

弗里达充盈机智，有点男孩气，又极具女人味，她大笑起来非常有感染力，或表达欢愉的心情或是对痛苦之荒谬宿命的认可。在此期间雕塑家诺古奇爱上了她，苏联的政治人物托洛茨基也爱上了她。法国诗人及散文家布雷顿形容她："呈现在我们面前的，正如在德国浪漫主义最辉煌的岁月里一样，是一位有着全部诱惑天赋的女人，一位熟悉天才们生活圈子的女人。"

弗里达一生经历了大小32次手术和3次流产，最终瘫痪，只能依赖麻醉剂活着，但她从未停止绘画，她画自己流血、哭泣、破碎，将痛苦移植到艺术里；她画"如果我有翅膀，还要腿干什么呢"。弗里达曾对自己被列入超现实主义的殿堂感到惊奇，她拒绝这一标签。她的绘画中充满了现实的爱情和伤痛，"没有比这些绘画更女性化的艺术了，据此，为了尽可能地具有诱惑力，只能尽量交替地运用绝对的纯粹和绝对的邪恶。弗里达·卡洛的艺术是系在炸弹上的一根带子"。弗里达探索即时体验和现实感觉中的惊奇和谜团，这种直率与超现实主义的隐晦和省略恰成对照。她很少谈论自己的作品，但她说《水之赋予我》这幅作品"是消逝岁月的一个场景，她表明是与时间和孩提时的游戏及她生命中发生的悲惨事件相关"。弗里达自己创造了自己的艺术。

1953年在墨西哥举行的最后一次画展上，弗里达告诉记者说："我不

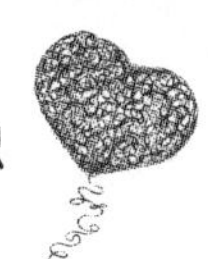

是生病，我只是整个碎掉了，但是只要还能画画，我都会很开心。”一位评论家在《时代》周刊以一篇题为“墨西哥式的自传”的文章中写道：“要将她的生活与她的艺术分割开来是很困难的，她的画就是她的自传。”

女人要活得精彩，就要对自己好一点，为自己而活，不要总拿别人当镜子，因为你一个独立的个体。弗里达·卡洛就是这样一个为艺术而生的人，她是个性的化身，她的作品和她的人格一样富有魅力。

的确，拿别人当镜子偶尔可以“正衣冠，明得失”，可是女人要“辨真伪”，适合别人，不一定适合你，麻木拿别人当镜子只会让自己失去“个性”；别人不一定就正确，何苦为了一个错误去让自己疲惫呢？所以，女人不要总拿别人当镜子，而要善待自己，活出自我！

第4章 静观沧桑，聆听时光的温柔

生活中，我们每个人的故事，都是充满悲悲喜喜的，有成功，也有失败；有得意之作，也就有失意之作；有过艰辛，当然也伴随着快乐。成功如何？失败如何？其实，这些都是生活的插曲而已。我们的故事、他人的故事都还在延续，凡事顺其自然，把一切交给时间来处理，才会获是平静的快乐。你会发现，无意中，原本属于你的快乐就悄悄来到了你的身边。因此，无论我们遇到什么，我们都不必大悲大喜，应以自然、平静的心态面对，你反而会收获难得的快乐！

人无完人，不要苛求自己

生活中经常有这样一些人，他们做事谨小慎微，总是认为事情做得不到位；他们对自己要求过于严格，同时又有些墨守成规；通常情况下，因为他们过于认真、拘谨，苛求自己，他们比其他人活得更累。

他们总有这种表现：如果一件事情没有做到自己满意的程度，那么必定是吃不好也睡不好，总觉得心里有个疙瘩，很不舒服。但什么事情都会有个度，追求完美超过了这个度，心里就有可能系上解不开的疙瘩。我们常说的心理疾病，往往就是这样不知不觉出现的。过分追求完美的人 总是

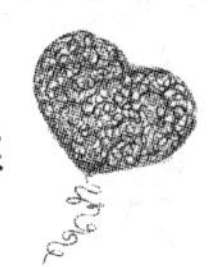

不想让人看到他们有任何瑕疵，他们常常过分控制敌意和愤怒，给人的感觉是过分宽容，看似开朗热情，其实活得很累。

其实，人生不可能事事都如意，也不可能事事都完美。追求完美固然是一种积极的人生态度，但如果过分追求完美，而又达不到完美，就必然会产生焦躁。过分追求完美不但往往得不偿失，反而会变得毫无完美可言。

一个被劈去了一小片的圆，想要找回一个完整的自己，于是它到处寻找自己的碎片。由于它是不完整的，滚动得非常慢，从而领略了沿途美丽的景色：它和虫子们聊天，充分感受到阳光的温暖。它找到许多不同的碎片，但都不是原来的那一块，于是它坚持着寻找，直到有一天，它实现了自己的心愿。

然而，作为一个完美无缺的圆，它滚动得太快了，错过了花开的时节，忽略了虫子和花草。当它意识到这一切时，它毅然舍弃了历尽千辛万苦才找到的碎片。

这个寓言故事告诉我们：正视放弃，拒绝完美，才令我们完整。因此，日常生活中的人们，不要太苛求自己了，只有这样，你才会活得轻松。

一般来讲，追求完美是一种追求进步的表现，如果人们都满足于现状，那我们将会止步不前。因此，可以说，追求完美并没有什么不好，很多时候，精益求精对我们的能力的提升、知识、经验等方面积累都大有益处。

然而，当你已经形成一种追求完美的习惯后，你会发现，无论你做什么事情，你都会去追求极致：如果一件事情没有做到自己满意的地步，那么必定是吃不好也睡不好，总觉得心里有个疙瘩，很不舒服。

可见，凡事都有个度，追求完美到了一定的地步就变成了吹毛求疵。如果不达到想象中的彻底完美誓不罢休，那就是在和自己较劲了，长此以往，心里就有可能系上解不开的疙瘩，我们自己也会渐渐承受不了这种越来越沉重的负担。

人生不可能事事都如意，也不可能事事都完美。追求完美固然是一种积极的人生态度，但如果过分追求完美，而又达不到完美，就必然会产生浮躁。过分追求完美往往不但得不偿失，还会令自己陷入泥沼。

有这样一个笑话：一个人来到一家婚姻介绍所，进了大门后，迎面又见两扇小门，一扇写着“美丽的”，另一扇写着“不太美丽的”。这个人推开“美丽”的门，迎面又是两扇门，一扇写着“年轻”的，另一扇写着“不太年轻”的。他推开“年轻”的门——这样一路走下去。这个男人先后推开九道门，当他来到最后一道门前时，门上写着一行字：您追求得过于完美了，到天上去找吧。

笑话当然是笑话，但说明了一个道理：真正十全十美的人是找不到的，我们不要过分追求完美。

的确，世界上的很多烦恼，正是因为过分追求完美而产生的。值得我们追求的东西很多，如果我们苛求自己或别人把每一件事都做得完美无缺，那么我们将会失去很多东西。这个世上本来就没有完美的东西，如果一味地追求完美，最后得到的反而是不完美。

要知道，我们不会因为一个错误而成为不合格的人。生命是一场球赛，最好的球队也有丢分的记录，最差的球队也有辉煌的一刻。我们的目标是——尽可能让自己得到的多于失去的。那么，过分追求完美的人该如何去调整呢?

首先，不要苛求自己。你不要总是问自己，这样做到位吗？别人会怎么看呢？过分在乎别人的看法就是苛求自己，你会忽略自己的存在。

其次，要改变自己的观念。你需要明白一点，世界上没有完美的事，保持一颗平常心并知足常乐，才是完美的心境。换一种新的思路，即尝试不完美。

再次，要改变释放方式。当你心情压抑时，你要选择正确的方式发泄，如唱歌、听音乐、运动等，并且，你要抱着一种享受到心情发泄，这样，你很快会感受到快乐。

最后，让一切顺其自然。不要对生活有对抗心理。过于较真的人，他们会活得很累，因此在思考问题时要学会接纳控制不了的局面，接纳自己所做的事，不要钻牛角尖。

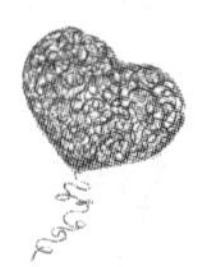

总之，人生是没有完美可言的，完美只是在理想中存在，生活中处处都有遗憾，这才是真实的人生。事实上，追求完美的人是盲目的。“完美”是什么？是完全的美好。这可能么？“凡事无绝对”，哪里来的“完全”？更不要提“完美”了。既然没有“完美”，那又为什么要去寻找它呢？

有韧性、有忍劲，冷板凳也能坐热

生活中的人们，你是否遇到过这样的情况，你在工作上并不如意：对公司给你安排的职位不满意，或被上司安排到了闲职位置上，在这种时候你该怎么办呢？

让我们看看下面这个例子。

很久以前，一位日本青年进了一家大公司，做了一名小职员。在平凡的工作中他发现公司存在许多问题，便不断给上层管理者写信，提出自己的建议。然而，他的信如石沉大海，没有一点回音。可他并没有放弃，只要发现问题，他照样写信，照样提出自己的建议……十年后的一天，他终于有了回报，他被派到一个分公司任经理。他工作非常出色，后来当了这家大公司的总经理，而这家大公司就是世界著名的佳能公司。

很明显，这位日本青年就是做热了冷板凳。所谓“冷板凳”，指的就是受冷遇、不被重用、不得志的代名词。对身在职场中的人来说，都会有坐“冷板凳”的时候，关键是以何种心态对待“冷板凳”，能不能把“冷板凳”坐热，赢得“山重水复疑无路，柳暗花明又一村”的局面，重新坐到应有的位子上去。

不得不承认，被安排坐“冷板凳”，一定是有原因的，这是毋庸置疑的事实。作为当事者，与其抱怨与困惑，以致面对“冷板凳”束手无策，不如主动地分析其中原因，也许能改变自己的被动处境。

（1）大环境发生变化。人说“时势造英雄”，很多人的崛起是由环境所造成的，因为他的个人条件适合当时的环境。可是，当时过境迁，英雄无用武之地，这时候他只好坐“冷板凳”了。

（2）人才的重叠。同一专业、特长、喜好的人才多了，造成重叠，而岗位又有限，不可能都同时用上，总有人转干其他工作，从重要岗位上退居二线，导致有人成为坐“冷板凳”的人。

（3）工作能力有限。只能做一些无关紧要的事，或者工作上毫无起色，但也没差到让人开除的地步。因此，领导感到此人可有可无，当然不可能重用此人了。当然，也有人是对自身真正实力、能力、经验估计偏高，并不适应自己想要干的工作，产生被遗弃、被轻视的失落感，自认为是坐上了“冷板凳”。

（4）经常出错或错误严重。如果一个人总是出错，或者犯的错误太大，让单位遭受的损失太重，这样就会让领导对其失去信心，只好暂时将其搁置一边。

（5）领导有意考验。对于领导来说，有时培养一个人，除了让他做事以外，也要让他无事可做，一方面观察，一方面训练。这种考验事先不会让当事人知道，知道了就不算是考验了。有的人确有能力，但放荡不羁，必须放在“冷板凳”上挫其锐气；有的人自视甚高，目中无人，心高气傲，性格急躁，不顾全局，工作没有耐性，无法与其他人正常相处，无法贯彻全局一盘棋的思想，必须放在“冷板凳”上磨砺意志，让其修身养性。

（6）人际关系的影响。人在职场，不能轻易得罪人，尤其不能得罪两类人：一类是领导面前的红人，一类是小人，这两者都有可能把得罪他们的人推向“冷板凳”。

（7）对领导有冒犯之举。宽宏大量的领导对下属的冒犯无所谓，但下属在言语或行为上的冒犯，如果惹恼了肚量小的上司，便有坐“冷板凳”的可能。作为下属，可以不知道领导喜欢什么，但是他讨厌什么一定要清楚，一定不能碰。

（8）能力过强。下属能力如果太强，又不懂得收敛，经常抢领导的风头，让领导失去安全感，让领导感到不舒服，那么下属便会受到“冷藏”。

当然，除了以上几点之外，坐冷板凳的原因还有很多。当你坐了冷板凳后，一定要及时找到原因，而不是整天怨天尤人。然后，你需要调整自己的心态，将冷板凳逐渐坐热。这时候，你需要做的就是：

（1）提高自身水平。坐冷板凳，正是你不被重用的时候，此时，你不妨利用空出来的时间多学习、提高工作水平，他日时来运转时，你也就能做到厚积薄发、一飞冲天。如果你自暴自弃，那么恐怕就要坐到屁股结冰了，而且一旦出现对你不好的评价，你就很难有翻身的机会了。

（2）建立良好的人际关系。有人说，墙倒众人推，当你坐冷板凳时，自然有一些势利小人会趁机打击你。所以，你更应该广结善缘，不要表现自己以前如何如何强，因为所有的一切都已成为历史，对你现在是没有任何帮助的；而且“当年勇”也会使你坠入“怀才不遇”的情境中，徒增自己的苦闷而已！

（3）更加敬业。虽然你做的是小事，但也要一丝不苟地做给别人看！别忘了，很多人正冷眼旁观，不要让他们再抓到什么把柄。

从以上几个方面努力，即使你现在正在坐冷板凳，那么，你也一定会坐热。不管你为什么会坐上冷板凳，你都要冷静下来，然后以此为磨炼自己的机会。你需要记住的是，任何工作，只要坚持下去，无论现状如何，最终会出现转机。

静坐无所为，春来草自青

“静坐无所为”来自于汪曾祺先生的一部集子；而“春来草自青”，来自印度一位哲学教授奥修先生的文集，这两句话都告诉我们，要学会以平静、客观的心境来看待事物，才能够不受感情因素的影响而看清事物的真实面貌。

我们都知道，人都是情绪的动物，我们的情绪会被周围的人和事所影响，但成功的人能做到自控，做事不冲动；而失败的人则相反，他们性情散漫、毫无节制，总是受自己的情绪摆布，而情绪总是依环境氛围而变幻莫测。于是，他们起伏摇荡于这种恶性失衡之中，做事时陷入自相矛盾的境地。这种过分轻狂不仅毁掉了他们的意志，也殃及他们的判断力，干扰了他们的欲望和理解力。可见，成功需要很强的自律能力。

生活中的你，也许是容易冲动的人，但请记住：冲动是魔鬼，会让自己一败涂地。从现在起，一定要做到自制，理智思考并克服自己的情绪。

从前，在英国的一个古镇上，住着一个六十几岁的富有老绅士，可惜的是，他膝下无子。他年纪越来越大，也慢慢考虑要找个继承人了，最关键的是，他也需要人照顾。他想从村里的这些孩子里挑选出一个，可是，该选择谁呢？他最欣赏那些能抵御住诱惑、没有好奇心的孩子。

镇上的很多孩子在知道老绅士要寻找一个财产继承人的时候，都纷纷给老绅士写信。很快，老绅士就收到了二十多封求职信。

这天早上，三个打扮得干净利落的少年出现在了老绅士的客厅。

老绅士先考核的是一个叫杰克的人，他被带到了一个房间，然后，引他进门的人便出去了。杰克一人坐在了沙发上，刚开始，他等待着老绅士的到来，但一个小时过去了，还没人来敲门，他就躁动起来了，他才发现，原来房间里有这么多好东西。他终于站了起来，东瞧瞧，西看看。他发现，房间的桌子上放了一个罩子，他心想，罩子下面不是美味的蛋糕就是诱人的饮料，于是，他掀起了罩子，结果，他看到的却是一堆轻轻的羽毛，因为他掀罩子的力气太大，这些羽毛已经开始飞起来了，杰克意识到自己可能错了，但羽毛已经飞得满屋子都是了。

接下来被考验的是亨利，在他所在的房间里，放了很多他喜欢吃的葡萄，他忍了好久，终于偷吃了一个，吃完，他后悔了，但他又马上安慰自己，没事的，反正这么多，吃一颗不会被人发现的。吃完以后，他发现，葡萄真的好吃，再吃一颗吧，他真的又拿起了一个。其实，老绅士在这盘葡萄里做了“手脚”，他悄悄放了一个辣椒，亨利不小心吃到了，他的喉咙像着了火一样。结果，他也被老绅士打发走了。

最后出来的是哈利，他是个守规矩的孩子，他一直在房间里坐着，周围好吃的、好玩的东西太多了，但他一直没动。半小时后，他被许可为老

绅士服务。就这样，哈利一直服侍老绅士，直到他离开人世。老绅士临死之前，将所有的财产都送给了哈利。

生活中的我们就像是故事中的杰克和亨利一样，总会因为一些利益诱惑而失去正确的判断能力。其实，这些小利益对于我们来说，之所以能那样吸引人，在于它本身就是带刺的玫瑰，表面上看着美丽，实际上却是不折不扣的陷阱。在通往成功的路上，我们会遭遇不同的利益诱惑，只要我们能够忍耐欲望的吞噬，按捺住内心的悸动，那最后的胜利就是属于我们的。

那么，我们该如何做到以平静、客观的心境来判断事物呢？

1. 要有务实精神

务实其实就是脚踏实地，不浮躁。只有打好基础知识，你才能开拓，否则，一切都是花架子。

2. 遇事善于思考

伟人之所以成为伟人，是因为有伟大的思维，让思维决定行动。正像爱因斯坦的某些学说在当时被喻为“疯子式的假设和推论”，但后人均证实他的理论并非错误，他的猜测并非虚幻；当布鲁诺用生命捍卫哥白尼“日心说”理论的时候，所有人都认为他只是另一个“疯子”，而今天的我们确实认同了太阳系的概念。但这些伟大的思维，无不是在磨难和折磨中形成的。

在英国剑桥大学的卡文迪许实验室，一直坚持这样的规定：每天下午六点整，会有资历深的老研究人员，对在场的所有研究者宣布实验时间已到。如果谁听不进去继续做实验，那么，这位老实验人员就会搬出卢瑟福的话。因为卢瑟福说过：“谁未能完成六点前必须完成的工作，也就没有必要拖延下去，倒是希望各位马上回家，好好想想今天做的工作，好好思考明天要做的工作。”卢瑟福的话意味着：在实验前、实验中、实验后都要进行认真思考。从此卡文迪许实验室的人记住了卢瑟福的忠告：“别忘了思考！”

可见，人们在不经意的观察中，要善于思考，发现问题、提出问题。正如爱因斯坦所说：“学习知识要善于思考，思考，再思考，我就是靠这

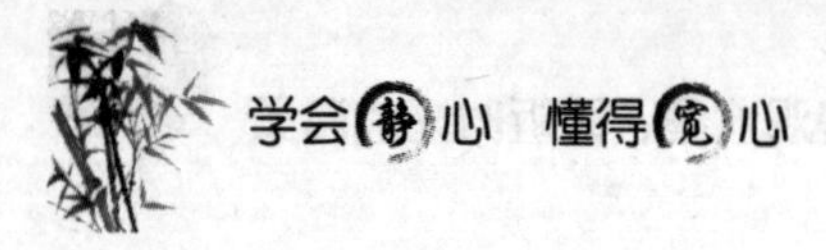

个方法成为科学家的。”

总之，考虑问题应从现实出发，而不能凭意气热情；要学会站在全局的角度看问题，你就能看得远，寻找出最好的解决方法。

别再沉湎于生命中那些不切实际的事

一直以来，中国人都比较推崇坚持的精神，古代郑板桥也说“咬定青山不放松，任尔东西南北风”。我们也常常听周围的人说“凡事坚持就是胜利”。诚然，我们不得不承认一点，很多人在解决问题的时候，因为有锲而不舍的精神而最终迎来了成功。但成功的前提是，我们所坚持的事是建立在现实基础上的。坚持那些不切实际的事是与做白日梦无异的。对此，与其错误地坚持下去不如明智地放弃，然后另选一条捷径。当然，这需要我们学会准确地定位自己，认清自己，看到自己的价值，然后懂得适时放弃错误的选择。这样，你就能充分挖掘到自己的内在动力，你就会做回自己，充分发挥自己的价值。

我们先来听听下面一个寓言故事：

从前，有一位潜心布道的神父。

这天，他按照计划来到一个小村子，他走进了教堂，准备为这里的人祈祷。但突然天下起了大雨。几个小时的工夫，洪水就淹没了整个村庄，教堂也没有幸免。

他发现，洪水已经淹没了他的膝盖。村里的警察很快赶来了，并让他赶紧离开教堂，但神父却固执地说：“不，我不走！我坚信仁慈的上帝一定会来救我的，你先去救别人吧！”

过了一会儿，水越来越深了，已经淹没了神父的腰部，神父只好站在椅子上继续祈祷。这时，有几个救生员划着船在教堂外大喊“神父，赶快过来，我们救你走！”，但神父还是执著地说道：“不，我要坚守着我的教堂，相信慈悲的上帝一定会将我从洪水之中救出去的。你们赶快先去救

别人吧。”

又过了半个小时，整个教堂完全被洪水淹没了，神父只好爬上十字架，在滚滚的洪水中坚持着。这时候，一架直升飞机缓缓地飞到了教堂上方。飞行员丢下悬梯，大喊道：“神父，快上来吧，这是最后的机会了，我们可不愿意看到你被洪水冲走！”神父依然意志坚定地说：“不，我要守住我的教堂！上帝绝对会来救我的。你去救其他人吧。上帝会永远与我同在！”

固执的神父最终也没有逃脱被滚滚洪水冲走的命运……

死后的神父还是有幸到了天堂，他质问上帝，为什么不来救他？上帝回答道：“我怎么不肯救你了？你忘记了？第一次，我派人劝你离开那危险的地方，可是你却坚决不肯；第二次，我派了一只救生艇去救你，但你还是一意孤行不肯离开；第三次，我以对待国宾的礼仪待你，又派了一架直升飞机去救你，结果你还是不愿意接受我的救助。是你自己太固执了，总是不肯接受别人的求助。我在想，你是不是太想见到我了，那么，我就成全你吧。”神父顿时哑口无言。

听完这个故事，我们不免觉得有点可笑，这位神父是迂腐的。在我们看来，上帝来救他这一情况是根本不可能实现的幻想而已。当然，最终，他只能被淹没在洪水之中。

然而，我们的生活中，却也有这样一些人，他们习惯于做白日梦，他们管不住自己的大脑，总是幻想着这样或那样的事，但事实上，将任何有意义的事情做好，才是成功的预示。我们的目标如果不切实际，那么，盲目地坚持也只会以失败而告终。要做到这一点，我们就要平静下来，脚踏实地做好手头的事，一步一个脚印。成就决非朝夕之功，凡事必须从小做起，只要有意义。

我们每个人，都有自己的梦想，都希望能做出一番成绩来，但现实告诉他们，必须要从最基础的工作做起。这对于那些喜欢做白日梦的人来说，无疑是更高层面的挑战。可见，坚持其实是追求卓越的一种优秀品格，但是，当出现在我们面前的是一座无法逾越的大山时，我们所需要的就不是一条路走到黑的执著。这时，放弃这个错误坚持则更为重要，然后再做明智的选择，行走另外一条路。因为天无绝人之路，上天在关掉一扇门的同时，也会为你再打开一扇窗的。所以对于错误的坚持要不得，我们需要的是灵活应变，而不是盲目地执著。

总之，对于那些不切实际的坚持该放手的时候就要明智地放手。明知道这是一条走不通的死胡同，却还要继续往前走，面对的也许只有痛苦与浪费时间。

学会笑纳命运给予你的变故

生活中，我们常常祝福别人万事如意，但万事如意只是一种美好的祈愿。没有十全十美的人生，甚至很多时候，我们会被命运捉弄，它会毫无来由地给我们送来可怕的灾难。此时，如果人们无法承受，它就会占据人们的心灵，让人们失去欢乐，永远生活在它的阴影里。

的确，尘世之间，变数太多。我们唯一能掌控的，就是自己的心境，当厄运或不公正的待遇降临到人们头上时，如果无法改变它，就要学会接受它、适应它。

曾经有一对孪生兄弟，哥哥叫伊恩，弟弟叫杰森，兄弟二人都帅气十足。但命运是不公平的，他们遭遇了一场火灾事故，所幸消防员从废墟里扒出了他们兄弟俩，他们是那场火灾中仅存下来的两个人。

兄弟俩被送往当地的一家医院，虽然两人死里逃生，但大火已把他俩烧得面目全非。“多么帅的小伙子。”认识他们的人都为兄弟俩惋惜。杰森整天对着医生唉声叹气，觉得自己成了这个样子，以后如何见人，如何在这个世界上生活？杰森无法接受眼前的现实，无法活下去的念头从他的思想走进了他的潜意识，他总是自暴自弃地重复着一句话：“与其这样还不如死了算了。”伊恩努力地劝说杰森：“这次大火只有我们得救了，这说明我们的生命尤为珍贵，我们的生活最有意义。”

兄弟俩出院后，杰森还是无法面对现实，他偷偷服了50片安眠药，离

开了人世。伊恩却艰难地生存了下来，无论遇到多大的冷嘲热讽，他都咬紧牙关挺了过来，他一次次地暗示自己："我生命的价值比谁都高贵。"后来，他当了一名货车司机。

一天，伊恩仍像往常一样送一车棉絮去加利福尼亚州。天空下着雨，路很滑，他把车开得很慢。此时，他发现不远处的一座桥上站着一个人。伊恩紧急刹车，汽车滑进了路边的一条小水沟里。他还没有靠近那个年轻人的时候，年轻人已经跳进了河里。年轻人被他救起后又连续跳了三次，最后一次连伊恩自己也差点被大水吞没。

后来伊恩才知道，他救的是位亿万富翁。亿万富翁感激他给了自己第二次生命，并和伊恩一起干起了事业。伊恩从一个积蓄不足10万元的司机，凭着自己的诚信经营，发展成了一个拥有3.2亿元资产的运输公司的董事长。几年后医术发达了，伊恩用挣来的钱整好了自己的面容。

一对孪生兄弟，为什么命运会如此不同？因为他们的心态不同。面对毁容，弟弟杰森无法接受，选择自杀结束了自己的生命；而伊恩却始终告诫自己，自己的生命价值比谁都高贵，他努力活了下来。后来，他用同样的信念救了另一个轻生的名人，从而改变了自己的命运。

然而，现实生活中，总有人一味沉溺在已经发生的事情中，不停地抱怨，不断地自责。这样一来，将自己的心境弄得越来越糟。这种对已经发生的无可弥补的事情不断抱怨和后悔的人，注定会活在迷离混沌的状态中，看不见前面一片明朗的人生。之所以这样，是因为经历的磨炼太少。正如俗语说的那样：天不晴是因为雨没下透，下透了，也就晴了。

著名潜能开发大师迪翁常常用一句话来激励人们进行积极思考："任何一个苦难与问题的背后，都有一个更大的幸福！"这是他的招牌话。她有个可爱的女儿，但一场意外，让这个可爱的小女孩失去了小腿。当迪翁从韩国的演讲赛上赶到医院的时候，他第一次发现自己的口才不见了。女儿察觉到了父亲的痛苦，就笑着告诉他："爸爸！你不是常说，任何一个苦难与问题的背后，都有一个更大的幸福吗？不要难过呀！这或许就是上帝给我的另一个幸福。"迪翁无奈又激动地说："可是！你的脚……"

小女儿非常懂事地说："爸爸放心，脚不行，我还有手可以用呀！"

听了这样的话，迪翁虽有几分心酸，可也欣慰不已。

两年后，小女孩升入中学了，她再度入选垒球队，成为该队有史以来最厉害的全垒打王！因为她的腿不能走路，就每天勤练打击，强化肌肉。她很清楚，如果不打全垒打，即使是深远的安打，都不见得可以安全上垒。所以唯一可以把握的，就是将球猛力击出底线之外！

这是一个乐观积极的小女孩，在最艰难的时刻，她留给人们的依然是微笑，因为她相信父亲的那句话“任何一个苦难与问题的背后，都有一个更大的幸福”，于是，灾难变得不再可怕，而她本人也更有能力面对那场艰难的挑战。

放下悲伤，接受现实，才能重新起航。朋友，别以为胜利的光芒离你很遥远，当你揭开悲伤的黑幕，你会发现一轮火红的太阳正冲着你微笑。请用一秒钟忘记烦恼，用一分钟想想阳光，用一小时大声歌唱，然后，用微笑去谱写人生最美的乐章。

看透世俗，平常心看待人生得失

我们都知道，得与失是一个对立面。我们都希望得到而害怕失去，这也是人们常有的心态。而正是因为这种心态，导致了我们患得患失。有人说，生命本身就不是一场完美的戏剧，它始终有缺憾，它给你带来些什么，也会带走些什么。但无论怎样，你都应该潇洒一点，对于失去的风景，你就当是天空中划过的一道美丽的彩虹，你要学会在自己的情绪里寻求解脱。只要你愿意，你就可以勇敢地对已经逝去的彩虹说声“再见”，也可以潇洒地把一切恩怨化作岁月的云烟，于前行里轻松地追逐梦想和信念。只要能坦然面对人生的得失，还有什么让我们畏惧的呢？

的确，世事难料，因为任何事情都有一个变化发展的过程，此刻你不如意并不代表你一生不幸。人生充满得失，此时你满面春风并不代表你一生顺利。虽然我们不能掌握变化无常的事态，但我们可以掌控自己的心

态。因此，不管你现在得到了什么，失去了什么，都不要纠结于一时。心态是自己选择的，祸会转化为福，福也会转化为祸，何必不敞开心扉，坦荡地面对呢?

有个老太太姓陈，她从年轻时起就有个爱好，就是种花种草。在她的家里，有各种各样的盆景，她每天的大部分时间都会花在这上面。

有一天，陈老太去外地看亲戚，出门前，她告诉儿子一定要细心照看好那些她视若珍宝的盆景。

母亲的话，儿子不敢怠慢，于是，在陈老太外出期间，儿子很静心地照看这些盆景。但尽管这样，不幸的事还是发生了，在他为花草浇水时不小心碰倒了花架上的一盆花，盆打碎了。儿子因此非常害怕，准备着等母亲回来后接受处罚。

然而，当陈老太得知这件事后并没有生气，反而说："我栽种盆景是用来欣赏和美化家里环境的，不是为了生气的。"

陈老太说得好，她种植盆景，并不是为了生气。因此，她的心情也不会因盆景的得失而受到影响。如果无欲无求，了无牵挂，则气无处而生。生活中的人们，在得失面前，你是否也有这样的心境呢?

可见，面对得失，我们要调整自己的心态，要超越时间和空间去观察问题，要考虑到事物有可能出现的极端变化。这样，无论福事变祸事，还是祸事变福事，都会有足够的心理承受能力。

所以，生活中的人们，我们应该正视人生的得失。世间的万事万物，来来去去，本就没有一个定数，我们不能左右世事，但可以左右自己的心。当我们拥有时，我们要懂得珍惜；失去时，也不可过分执着。人有悲欢离合，月有阴晴圆缺，以一份淡然的心面对，我们的心会释然很多。

《孔子家语》里记载:

一天，在众随从的陪同下，楚王出游。半路，他丢了弓，随从说要去找，但楚王却说；"不必了，我掉的弓，我的人民会捡到，反正都是楚国人得到，又何必去找呢?"

后来，孔子听说此事，很感慨地说："可惜楚王的心还是不够大啊！为什么不讲人掉了弓，自然有人捡得，又何必计较是不是楚国人呢?"

“人遗弓，人得之”应该是对得失最豁达的看法了。就常情而言，人们都是有喜怒哀乐的，在得到一些利益或者遇到愉悦之事时，他们大多会喜不自胜，甚至得意洋洋；而遇到失意之事时，却表现出懊恼、痛苦的情绪。而那些内心豁达的人却能看淡得失、功过荣辱，无论遇到什么，他们都能做到心平气和、冷静对待。

人世间的一切，无论成败得失，花开花落，荣辱功过……无数人为了这些前赴后继而呕心沥血、殚精竭虑、机关算尽，但到最后，他们才发现，原来一切都是过眼云烟，最终都化为尘土，随风飘去了，留下的还能有什么呢？似乎都没有发生过。放下束缚心灵的负担，轻松愉快地走过这短短几十年的人世光阴，才是我们生命最本质和简单的诠释！

总之，人生的平淡和起起伏伏都是一种生命的轨迹，而只有内心平和的人才能体味其中的真谛。因此，我们不妨以平常心看待生活，用心去享受简单生活中的快乐、幸福！

有舍才有得，舍与得也需要智慧

人们常说“舍得”，舍得舍得，说的就是“有舍才有得”。哪种生活是光有“得”，没有“舍”的？我们懂得舍得的道理，但并不一定能真正了解“舍得”的真正要义。舍并不是轻易放弃，而是一种在权衡利弊之后做出正确决策的智慧。的确，很多时候，鱼与熊掌不可兼得，要获得，就要学会舍弃。

在这个商业社会的信息时代，我们时时刻刻都要面临着各种各样的抉择，在得与失之间，我们常常感到迷惘。而更多的时候，我们舍不得放弃手头实实在在的利益，心里想的也是怎样保证眼前的利益不受损失。殊不知，这样做只会任机会溜走，不但不会有所得，严重的甚至会失去更多。舍小利以谋远，关键在一个“舍”字，只有舍得，才能获得。

犹太人罗斯柴尔德是一个很精明的商人，长时间的生意经验让他十分

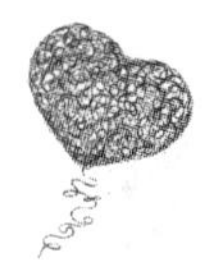

清楚地意识到，要在这个犹太人备受歧视的社会里脱颖而出，最有效的办法就是接近手握巨大权势的领主并博得其欢心。

终于，他被通知可以接受当地领主的接见。这是个难得的机会，他觉得自己一定要把握住。为此，他不但把花了很多心血和高价收集的古钱币以低得离奇的价格卖给公爵，同时还极力帮助公爵收古币，经常为他介绍一些能够使其获得数倍利润的顾客，不遗余力地帮公爵赚钱。

如此一来，公爵不但从买卖中尝到了很多甜头，对古钱币的兴趣也越来越浓。罗斯柴尔德和他的关系也逐渐演变为带伙伴意味的长期关系，远非只是普通的几笔买卖的关系了。

罗斯柴尔德是个舍得下血本的人。他为了实现长期目标，宁可舍弃眼前的小利。这种把金钱、心血和精力彻底投注于某个特定人物的做法，日后便成为罗斯柴尔德家庭的一种基本战略。如若遇到了诸如贵族，领主、大金融家等具有巨大潜在利益的人物，他们就甘愿做出巨大的牺牲与之打交道，为之提供情报，献上热忱的服务；等到双方建立起无法动摇的深厚关系之后，再从这类强权者身上获得更大的收益。如果说一两次的“舍本大减价”一般人也可能做得到的话，罗斯柴尔德这种一直“舍本”帮助别人赚钱的做法不能不说是难能可贵的。虽然他得以在宫廷中出出进进，但在经济上却仍然相当拮据。

在罗斯柴尔德25岁那年，他获得了“宫廷御用商人”的头衔。罗斯柴尔德的策略奏效了。

我们发现，犹太商人罗斯柴尔德果然很聪明，他懂得长线钓大鱼、舍小利获大利，这也是成功的犹太商人的生意经。

的确，俗话说：“先做朋友后做生意”，为了做成大生意，我们有必要在做生意前先为对方付出，甚至应当适当舍弃一些利益。例如，你可以在你的客户生日那天，不但应送上祝福，还应通过赠送一些小礼物来表达我们真诚的谢意和良好的祝愿，这样就能进一步增近与客户间的感情，使彼此建立起更加亲密的关系。

《易经·损》中有这样一段话：“损：有孚，元吉，无咎，可贞，利有攸往。”这句话的大致意思是：“损、益”，不可截然划分，二者相辅相成，充满辩证思想。说到底，这就是取舍之道，有舍才会有得。中国古话说的好：吃小亏，赚大便宜。

事实上，除了经营财脉，这种“舍小利以谋远”的态度也适用于方方面面，不失为一条良好的人生准则。在人际交往中，总是有这样一些人，他们总是抱着“临时抱佛脚”的态度，平时对朋友不理不睬，不联系朋友，到了关键时刻就希望朋友来帮忙，而朋友又怎么会伸出援手？更有一些人，他们平时不为朋友两肋插刀，反而还落井下石，这种人吝啬到了连微弱的同情和丝毫的给予都拿不出来，只希望从别人那里索取。这种人大多会被抛弃，没有人愿意再给他帮忙。时间一长，即使他意识到了自己的自私，他也已经在一步步堵死了自己所有可能的路，同时也拒绝了所有可能的帮助。

总之，我们要学会用长远的眼光看问题，无论是做生意还是人际交往，都要有舍得的智慧，懂得分析和权衡利弊得失，只有这样，我们才会收获更多！

第5章 心若无物，多一份从容和镇定

我们常常祝福身边的朋友“万事如意”，但人生奇妙，实际上我们不可能事事如意。我们无法左右事情的发展，但我们可以左右自己的心态，这正如《幽窗小记》中所说：宠辱不惊，看庭前花开花落；去留无意，望天空云卷云舒。这句话的意思是说，为人做事能视宠辱如花开花落般平常，才能不惊；视得失如云卷云舒般变幻，才能不在意。现代社会中的人们，也应拥有这一饱经世事的心态，才可能心境平和、淡泊自然。只有做到了宠辱不惊、去留无意，方能恬然自得，方能达观进取，笑看人生！

静心，从学习中庸之道开始

生活中，人们常常说做人要“中庸”，但对于什么是真正的中庸之道，人们却不一定真的了解。中庸之道，是我国古代儒家思想最重要的组成部分之一，在封建社会里，它一直是我国儒家学者追求的至高境界，是人生哲学的方法论。其中的一些思考和理念是很科学的，需要我们辩证地认识、看待，从中正确地汲取养分。

孔子为什么要提倡中庸之道呢？“中庸之为德也，其至矣乎！民鲜久矣。”意思是说，中庸是一种至高无上的美德，民众缺少很久了。孔子说这话的主要目的是要把当时的社会秩序、社会制度保持在周礼的规范之内。当时孔子生在“礼崩乐坏”的春秋时代，那个时代王室衰微，诸侯崛起，战事不断，民不聊生，孔子一生都在为恢复合乎周礼的社会秩序而奋斗，他讲中庸也是为此目的。

中庸的主要思想，在于论述为人处世的普遍原则，即：不要太过，也不要不及，应恰到好处，这就是中庸之道。根据中庸之道，要求我们在遇事时一定要冷静处理，要做到淡定和从容，而这也是静心的要义。我们可以说，一个人，要做一个内心平静的人，首先就要学习中庸之道。

在明朝时期，尤老翁在苏州城里开了一个典当铺。这位尤老翁平时最懂得忍耐，因此，无论是街坊邻居，还是外来客人，都喜欢跟他打交道。

有一年快到年关的时候，尤老翁正在屋里盘账，忽然听到外面有吵闹的声音，于是就匆忙地跑了出去。到了柜台，他看见穷邻居赵老头正在与自己的伙计吵架。尤老翁明白，这个赵老头是一个蛮不讲理的人。他没去问个究竟，就先将伙计们训斥了一遍，然后好言向赵老头赔不是。然而，赵老头依然像刚才一样板着脸孔，丝毫不给尤老翁面子，站在柜台前不说一句话。

这时，心中委屈的伙计悄悄对老板说：“老爷，他前些日子当了一些衣服，现在他不还当衣服的钱，却硬是要将衣服拿回去。我要向他解释，他竟然破口大骂，我真的不知道该怎么办才好。”尤老翁也知道不是自己伙计的过错，就先吩咐伙计去照料其他的生意，他自己亲自来应付这个蛮不讲理的赵老头。忽然，他头脑中想到了办法，快速走到赵老头的旁边，语气恳切地说：“老人家，不要再对刚才的事情耿耿于怀了，不要跟我的伙计一般见识，你就消消气吧，大家都是熟人，我不会介意这种小事的，衣服你就拿过去穿吧。”

不等赵老头回答，尤老翁就吩咐伙计将其典当的衣服拿过来。但赵老头似乎一点也不感激，拿起衣服就走。而尤老翁并不在意，而是含笑拱手将老头送出大门。然而就在这天夜里，那个赵老头竟然死在了另一家典当铺里。

原来，这位赵老头负债累累，家产早已经典当一空，走投无路之下，

他寻了短见。他预先服下了毒药，先来到尤老翁的当铺吵闹，想以死来敲诈钱财，没想到尤老翁一向善于忍耐，宁愿自己吃亏也不跟他计较，他觉得敲诈这样的人实在不忍心，就决定离开尤老翁的典当铺。就这样，他来到了另一家当铺，结果毒性就发作了。后来，赵老头的亲属向官府控告这家店铺逼死了赵老头，为此打了好几年的官司。最后，那家店铺筋疲力尽，花了很多钱才将这件事平息。

后来，人人都说尤老翁料事如神，可尤老翁说："我并没有想到赵老头会走到这条绝路上去。我只是觉得，凡事多退一步，给人留一步，也是给自己留条退路。"

事实上，待人要厚道，要替人设想正是中庸之道的表现。这样一个普通的民间老翁，却是一个生活的智者，他的做法为自己免了一场灾难。他的这种心态可谓是能屈能伸、方圆做人的至高境界了。然而，我们不难发现，我们生活的周围，却有一些人，他们凡事逞强好胜，在得意之时嚣张跋扈，丝毫不给失意之人机会。实际上，这是为自己断送了退路。

除此之外，我们在生活中遇事时，只要我们秉持中庸之道的原则，就能做到不偏不倚、为自己留有退路。当然，中庸并不等于碌碌无为也不等于毫无原则地退让，更不等于人前人后两个样，趋炎附势、狗眼看人低。中庸之道很容易，但还需要我们在具体的生活细节中加以贯彻和实施。

走慢一点，别错过了人生旅途中的美好风景

现代社会，随着生活节奏的加快，竞争的日趋激烈，经济压力逐渐增大，人们穿梭于闹市之中，面临生活中的许多危机，以至于无法平静自己的内心，甚至有些人难以调适自己的内心而产生生理心理问题，长此以往的消极应对及负性情绪会使个体出现诸如焦虑、抑郁、神经衰弱、轻度躁狂等心理疾患，不但影响自己的生活、工作，也会对家人造成不必要的"伤害"。

的确，行走于世久了，我们每个人都应该学会放慢脚步，给自己一个舒缓神经的机会，这样，我们才能收拾好心情继续上路。

萨依特曾是埃及的政府高官，34岁就做了副市长，可谓前程一片灿烂。可惜，就在他飞黄腾达的时候，他主管的城市却发生了一场火灾，于是他被免了职，那年他37岁。离职退位后，萨依特的周围依然是一些显赫的人士，富翁、高官、大财团的董事长……大家都为萨依特惋惜，认为他会非常痛苦，最少也要来找他们帮忙。谁想，萨依特却回到乡村，过起了平民百姓的生活。

他在自家的小菜园里种菜、施肥、捉虫，过得平淡而有滋味。没事的时候，他就走村串巷，收集一些民间陶器作为自己的爱好。生活中，他从不理会别人的富贵，更不去羡慕别人的日子，我行我素地过着自己的简朴岁月。

由于他的知识和才能，他很快就在收藏上有了很大造诣。七八年过去了，他竟然收集到了几十件世界顶级的民间珍宝。前来买卖的人蜂拥而至，萨依特每卖出一件，都在上千万美元。

有人问萨依特，你怎么会在收藏上有这么大的成就。萨依特说，因为我过得十分简单，从不盲从地去羡慕别人，清静的生活让我可以一心一意地鉴别陶器。

不去羡慕别人的生活，这使萨依特不但摆脱了烦恼，也把收藏做到了罕见的水准，成为了世界级的收藏大师。

人们常说，人生就是一次旅行，在这一过程中，只有翻山涉水，不惧艰辛，走过忧郁的峡谷，穿过快乐的山峰，趟过辛酸的河流，越过滔滔的海洋，才能走到生命的最高峰，领略最美好的风景。然而，我们忽略的是，有时候，美好的风景就在眼前，我们何不放慢脚步欣赏呢？

现实生活中的很多人，他们一直信奉勇往直前的原则，向往着未来的、他人的生活，于是，他们总是在马不停蹄地追赶；但时过境迁，等他们青春年华不再时，才知道自己已经错过了生命中最美的时光。因此，当我们觉得“累”了的时候，不妨告诉自己，该放松自己了。为此，我们可以采取以下放松的方式：

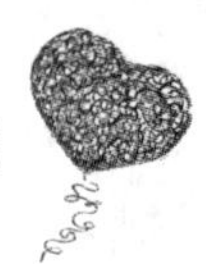

第一，旅行。

旅行可以增长我们的知识，我们在有了更多见识的时候发现了某些更符合自己内心愿望的爱好，而且真的见过的就比只在书上看过或者听人说过的更有触动性。另外，一个爱好旅游的人往往心胸更广阔，更具有解决问题的弹性。

第二，听音乐。

音乐作为一种艺术，它之所以能打动人，是因为它能以动感的声音方式表现出一种情感，它所蕴涵的宁静致远、清淡平和，可以使终日奔忙、身心俱疲的现代人得到彻底放松。

在音乐的圣殿中，我们能暂时忘记生活的繁琐，工作生活的不顺心，能获得音乐给予我们的心灵滋养。音乐能够影响人的情绪、调节生理状况，经常听一些旋律优美、节奏轻快的音乐，不仅可以调节情绪，而且还可以稳定内环境，达到镇静、降压、催眠等效果。

第三，舞蹈。

当你随着音乐起舞的时候，你的音乐感、音准、韵律、节拍的敏感度和数学逻辑都得到了提高，脑部及身体的协调能力也得到了锻炼。

第四，读书。

书籍是人类进步的阶梯，“腹有诗书气自华”，倡导人们“读万卷书，行万里路”也是这个道理，读书可以让我们见闻广博。

当然，除了以上方法外，我们还可以：

运用宁静调适法。找一个僻静的地方，让自己的身体、心理完全放松，尤其是要放松思想，做到宁静、愉悦自得，恬淡虚无，少思、少念、少欲、少事、少语、少乐、少喜、少怒、少好、少恶行。

主动休息。主动休息可消除疲劳，增加机体免疫水平和抗病能力，保持旺盛的工作精力。

改善睡眠。躺在床上，闭眼、自然呼吸，把注意力集中在双手或双脚上，全身肌肉放松。每天坚持练习，会有良好的效果。

巧用镜子。站在镜子面前做三四次深呼吸，凝神眼睛深处，告诉自己会得到所要的东西。

好心情是自己调整出来的，良好心态是对各种生活的适应。作为一个在繁华闹市中生活的人，关键是要把自己的心境、快乐锁定在现在，注重当下对生活的体验，而不要一味地沉迷于过去，也不要没有必要地担心未来。

因此，要释放自己的内心，我们就要学会享受生活，完善内心修养，提高自身能力，争取更大的空间和更好的生活质量，要有一颗乐观向上的心。

新的一天来临了，放慢你的脚步吧，生活中有太多值得我们慢慢感悟的幸福！你不必关注他人光鲜亮丽的穿着，也不必再去羡慕周围拔地而起的高楼琼宇，细细品味身边的一景一物，反倒感觉这样的生活对自己而言，美好得近乎奢侈，因此也就喜欢得虔诚倍至了！

顺其自然，不苛求是一种平静之美

我们都知道，任何事情的发展都是有规律的，人们的主观愿望与实际生活也总是有差距的。就像自然界的植物，它们的成长需要每天接受光合作用，需要接受甘露的灌溉，才能获得成果；每一个生命的成长也如此，千万不要违背规律，急于求成，否则就是欲速则不达。

因此，我们千万不可把自己的主观意愿强加于客观现实中，我们应该学会随时调整主观与客观之间的差距。凡事顺其自然，确实至为重要。有些事情就是奇怪，你越努力渴求的，它反而越迟迟不来，让你等得心急火燎、烂额焦头。终于，你等得不耐烦了，它却又从天而降，给你个惊喜满怀。我们不妨先来看下面一个故事：

有一对夫妻恩爱有加，令很多人都很羡慕。然而他们有一块心病，块垒般郁积心头，一直挥之不去：结婚五六年了，还一直没有属于自己的爱情结晶。小两口那个急呀！一有空就四处寻医问药，但几年过去了，妻子的肚子却不见有怀孕的迹象。更为严重的是，以前身体健壮如牛的妻子，

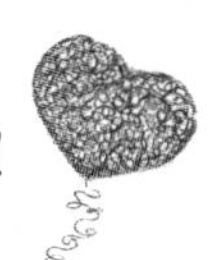

竟然和各种莫名其妙的疾病结上了缘，攀下了亲：开始是整天整天地肚痛，痛得是常常出满身的虚汗，常常在床上打滚，甚至常常大呼小叫、鬼哭狼嚎。虽然他们全国上下求医问药，但都不见好转。而连续的奔波，则搞得他们身心俱疲。

父母流泪了，劝他们想开点；朋友们伤心了，劝他们顺其自然。小两口不表示拒绝，也不进行辩驳，均一笑了之。

有一天，小两口到医院打点滴，一个护士看着他们青一块紫一块的胳膊，还有胳膊上密密麻麻针头扎过的小红点，不禁落泪了：顺其自然吧，是自己的别人抢不走，不是自己的莫强求……

听着这温柔的、天使般的声音，小两口陷入了沉思。是啊，小护士和我们素不相识，她干吗要劝我们？还不是看到我们身心俱疲的样子产生悲悯之情了吗？顺其自然，是自己的别人抢不走，不是自己的莫强求……说得多好啊！

回到家，小两口像换了个人似地，把医院买来的各种中药、西药统统扔进了垃圾筒。小两口相视一笑，顿觉浑身轻松。

一个周末，妻子翻翻日历，发现例假很久没来，然后拿出试纸，检测了下，发现居然怀孕了！小两口紧紧地相拥在一起，激动的泪水夺眶而出……

后来，丈夫向朋友叙说："真的，自从思想放松后，妻子的什么小烧不断、肌肉乱颤、大肠易激、夜间失眠，统统地不治而愈了。"他在叙述这一切的时候，我发现，他的脸色很平静，似乎在叙说一件与自己毫不相干的事情。

这确实是个让我们啼笑皆非的故事。的确，很多时候，我们苦苦苛求的，却总是不如愿；当我们抱着顺其自然的态度时，我们却会收获意外的惊喜。

人们常说，"不如意事常十之八九"。这是古代哲人在总结了历朝历代人类生活状态所做的大体分析，就是说一个人的一生不如意的时候占去了生命的十之八九，只有十之一二生活在快乐之中。这一分析未必准确，但人的一生中忧比乐多却是不争的事实。得意和失意并不是我们所能控制的，但我们可以控制自己的心态。古人云："凡事顺其自然，遇事处之泰然；得意之时淡然，失意之时坦然，艰辛曲折必然，历尽沧桑悟然。" 这"六然"的句子，凝集了人生的处世智慧。因此，无论我们遇到什么，我们都不必大悲大喜；以自然的心态面对，你反而会收获难得的快乐！

当然，凡事追求顺其自然，并不是消极避世，而是一种站在更高层次来俯视生活的一种睿智。如果你站在大树下，看蚂蚁为了一粒米，争斗得头破血流，你会想什么？如果你听到一只站在篮球上的蚂蚁说，这就是整个世界，你会想什么？如果你看到一只蚂蚁，坐在水盆中的树叶上，却以为坐上了航空母舰时，你会想什么？是可怜，是可笑，是可悲，还是可爱！或许有更高级的生灵也在那样地俯视着我们。如果你能顺其自然，或许你可以让你的思想升到高空，也可以是俯视大地。当人们都顺其自然了，那淡然、泰然、必然、坦然、悟然也就水到渠成，那人生何来得意、失意、艰辛、沧桑之说？

坚守目标，内心淡定才会赢来最后成功

人生在世，要有一番成就，就必须要努力，就必须专注。我们发现，那些攀岩成功的人都有个共同特征，那就是他们不会三心二意，也不会向下看，他们会一直努力地攀登。这样，尽管脚下是万丈悬崖，他们也不会害怕。可见，如果我们希望成就一番事业，就必须做到内心淡定，始终朝着目标前进。很多成功者在种种经历后，回望身后的辛酸血泪之路，都会发现，真正内心淡定的人才是最后的赢家。

我们先来看下面一个故事：

孔子带领学生去楚国采风。他们一行从树林中走出来，看见一位驼背翁正在捕蝉，他拿着竹竿粘捕树上的蝉，就像在地上拾取东西一样自如。

"老先生捕蝉的技术真高超。"孔子恭敬地对老翁表示称赞后问："您对捕蝉想必是有什么妙法吧？"

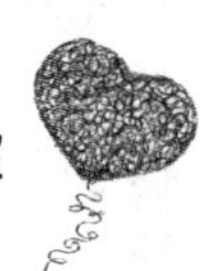

“方法肯定是有的。我练捕蝉五六个月后，在竿上垒放两粒粘丸而不掉下，蝉便很少有逃脱的。如垒三粒粘丸仍不落地，蝉十有八九会捕住；如能将五粒粘丸垒在竹竿上，捕蝉就会像在地上拾东西一样简单容易了。”捕蝉翁说到此处，捋捋胡须，严肃地对孔子的学生们传授经验。

他说：“捕蝉首先要学练站功和臂力。捕蝉时身体定在那里，要像竖立的树桩那样纹丝不动；竹竿从胳膊上伸出去，要像控制树枝一样不颤抖。另外，注意力高度集中，即使天大地广，万物繁多，在我心里只有蝉的翅膀。我专心致志，精神专一。精神到了这番境界，捕起蝉来，那还能不手到擒来，得心应手吗？”大家听完驼背老人捕蝉的经验之谈，无不感慨万分。

孔子对身边的弟子深有感触地说：“精神专注、专心致志，才能出神入化、得心应手。捕蝉老翁讲的可是做人办事的大道理啊！”

驼背翁捕蝉的故事向我们昭示了一个真理：凡事专心致志、心无旁骛，才能出色地完成，把工作做好做到位，才能取得成功。

事实上，除了捕蝉外，其他任何事又何尝不是如此呢？无论做什么事，最要不得的就是三心二意。戴尔·卡耐基曾经根据很多年轻人失败的经验得出一个结论：“一些年轻人失败的一个根本原因，就是精力分散，做不到专注”。托马斯·爱迪生曾说过：“成功中天分所占的比例不过只有1%，剩下的99%都是勤奋和汗水。”这句话告诉我们做事需要专注，不腻烦、不焦躁，一门心思才能取得好的效果。

的确，成功者之所以成功，就是因为他们懂得做事要专注的道理。在专注的过程中，他们经过了沮丧和危险的磨炼，并造就了他们天才的大脑。在不断努力并获得成果的过程中，他们产生了活力和不屈不挠的奋斗意志。因此，意志力可以定义为一个人性格特征中的核心力量，概而言之，意志力就是人本身。它是人的行动的驱动器，是人的各种努力的灵魂。做事过程中，我们也要运用意志力的力量，做到这一点，你也能获得卓越的才能。

从前，有一个养蚌人，他想培育一颗世界上最大最美的珍珠。

这天，他来到大海边挑选沙粒。于是，他便问遇到的沙粒，问他们愿不愿意经过磨炼变成珍珠。这些沙粒一听，变成珍珠要经受很多痛苦，没有阳光雨露，没有空气，远离海洋，于是他们就都摇头。

养蚌人一次次被拒绝，他都快绝望了。可就在这时，有一粒沙子答应了，因为，它一直想成为一颗珍珠。旁边的沙粒都嘲笑它，说它太傻。但这颗沙粒还是坚持和养蚌人走了。

一转眼，几年过去了，那粒沙子已经成了一颗晶莹剔透、价值连城的珍珠，而曾经嘲笑它的那些伙伴们，有的依然是海滩上平凡的沙粒，有的已化为尘埃。

事实上，我们成长成才的过程又何尝不像这颗珍珠呢？你忍耐着，坚持着，当走完黑暗与苦难的隧道之后，就会惊讶地发现，平凡如沙子的你，不知不觉中已长成了一颗珍珠。

的确，人生就像马拉松赛跑一样，只有坚持到终点的人才有可能成为真正的胜利者。著名航海家哥伦布在他的航海日记上最后总是写着这样一句话“我们继续前进”。这话看似平凡，但也告诉了所有正在为目标奋斗的人们一个道理：达成目标需要无比的信心和意志力。在这个过程中，你只有坚守内心的目标，付出艰辛的劳动，才会实现蜕变、获得成功。

释放压力，心灵要有一定的“弹性”

社会经济的快速发展，竞争之激烈，家庭和社交生活的琐碎都让现代人承受着前所未有的压力。然而，造成这些压力的元凶还是我们自己。我们应该学会将自己堆积在肩上的压力卸下来，享受一段生活的轻盈，感受一下心灵的淡然，然后把压力永远地放在自己的脚下。

曾经有位事业有成的年轻人，他在朋友的劝谏下来看心理医生，因为他觉得自己的工作压力太大了，心灵好像已经麻木了。

诊断后，医生证明他身体毫无问题，却觉察到他内心深处有问题。

医生问年轻人：“你最喜欢哪个地方？”“我不清楚！”“小时候你

最喜欢做什么事？”医生接着问。“我最喜欢海边。”年轻人回答。医生于是说：“拿这三个处方，到海边去，你必须在早上9点、中午12点和下午3点分别打开这三个处方。你必须同意遵守时间，除非时间到了，不得打开。”

于是，这位年轻人按照医生的嘱咐来到海边。

他到达海边时，正好九点，没有收音机、电话。他赶紧打开处方，上面写道：“专心倾听。”他开始走出车子，用耳朵倾听，他听到了海浪声，听到了各种海鸟的叫声，听到了风吹沙子的声音，他开始陶醉了，这是另外一个安静的世界。快到中午的时候，他很不情愿地打开第二个处方，上面写道：“回想。”于是他开始回忆，他想起小时候在海边嬉戏的情景，与家人一起拾贝壳的情景……怀旧之情汩汩而来。近3点时，他正沉醉在尘封的往事中，温暖与喜悦的感受，使他不愿去打开最后一张处方。但他还是拆开了。

“回顾你的动机。”这是最困难的部分，亦是整个“治疗”的重心。他开始反省，浏览生活工作中的每件事、每一状况、每一个人。他很痛苦地发现他很自私，从未超越自我，从未认同更高尚的目标、更纯正的动机。他发现了造成疲倦、无聊、空虚、压力的原因。

这个故事中，这位年轻人通过医生的建议来到海边，通过倾听、回想、回顾这三个过程，最终认识到了自己的缺点——自私、从未超越自我、从未认同他人，从而得知了这就是他感到空虚、压力大的原因。

心理学家曾说过：“人是最会制造垃圾污染自己的动物之一。”正如清洁工每天早上都要清理人们制造的成堆的有形的垃圾一样，我们要想彻底消除倦怠，也必须经常地反省自己，时刻清洗心灵和头脑中那些烦恼、忧愁、痛苦等无形的垃圾，真正让自己时刻心如明镜，洞若观火，以最好的状态去投入工作。

因此，如何让自己的心灵更纯净，释放压力就显得尤为重要。那么，我们该如何驱赶压力的阴霾呢？

1. 不要故意给自己加压

不少人对社会、对家庭、对自己都有不同程度的不满，他们中有些人喜欢在压力中生活，在压力中挑战难题，这样便有一种惬意的满足。但一个人不是每次都有好运气，压力多了会压得自己喘不过气来。久而久之，就会祸及自己的身心健康。

2. 学会宣泄

如果你希望你的健康达到身体上、精神上和社会上的契合状态，如果心理压力过大，可以采取以下几种方式宣泄：

（1）倾诉。当你心中积满苦闷、烦恼、抑郁等不良情绪无法疏散时，可以向父母、同事、知心朋友尽情倾诉，发发牢骚，吐吐委屈。这样使消极情绪发泄出来后，精神就会放松，心中的不平之事也会渐渐消除。

（2）想哭就哭 。医学心理学家认为，哭能缓解压力。心理学家曾给一些成年人测验血压，然后把他们按正常血压和高血压编成二组，分别询问他们是否哭泣过，结果87%的血压正常的人都说他们偶尔有过哭泣，而那些高血压患者却大多数回答说从不流泪。由此看来，让人类情感抒发出来要比深深埋在心里有益得多。

3. 忙里偷闲，放松心情

一定要抛却事事追求完美的心态。当你意识到自己要放松，但无论如何都很难做到、浑身紧张的时候，就应该学着忙里偷闲放松心情，例如，上班的间隙做做操，伸展一下肢体；午休时打打球；下班后逛逛商场，看场电影或与朋友聚聚餐等，给自己制造一个放松的空间。

当我们能释放出压力、找到那颗沉稳宁静而又广博透明的心后，虽然依旧要面对很多的挑战，虽然必须在事业、家庭之间小心翼翼地“走钢丝”，但我们依旧可以自信、从容，在追求事业的同时也拥抱着生活，在完善自我的同时，更有着对高品质生活的追求。

缘分不可强求，离散都要顺其自然

爱情是世间最美好的东西，因为爱情应该是世间万物自然孕育而成，

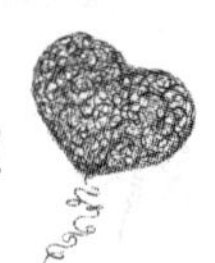

它本来是无形的，所以不能刻意地给它总结答案。人们常把爱情是否有美好的结果归结为缘分。的确，缘是一种很难说得清楚的东西，很难说清楚是怎样的缘分指引我们走过岁月的千山万水。在生命的际遇里相识相知，人的一生该有多少意想不到；在记忆的天空里像一朵淡淡的云，来时坦然去时从容。这就是缘分：缘分如水，来去自由。

生活中，很多人经常充当情感的导师。当周围的朋友遇到情感障碍，即将放弃的时候，他们常常都劝他要坚持到底，坚持就是胜利等。但实际上，并不是所有的坚持都会等到最终的胜利，无谓的坚持就是执念。我们不妨先来看下面一段爱情故事：

他和她是大学同学，大一那年，他们就恋爱了，他很会照顾她，她像一只小鸟儿一样偎依在他的身旁。毕业后，看着周围的同学都劳燕分飞，为了巩固他们的爱情，他们决定马上结婚。这件事一直成为同学和朋友们广传的佳话。

毕业后，他们在父母的资助下，办起了自己的工厂，两人小日子过得越来越好。后来，有了孩子后，他便让她专心在家照顾孩子，她做起了全职太太。她的生活从此变得单调起来，她开始胡思乱想。有时候，只要他一天不回家，她就开始担心他是不是和别的女人在一起；而只要他一回家，她就翻看他的电话记录，他的神经也被她弄得紧张起来。最可气的是，经常当他在开重要会议时，他的电话会响个不停。长此以往，他觉得她变了，他和她在一起，也累了。于是，他准备离婚。当他向她提出来的时候，她什么都没说。而第二天，当他回家的时候，却发现，她已经吞食了一大瓶安眠药。

我们不免为故事中的女主人公感到惋惜。事实上，我们生活的周围，像这样为爱放弃生命的案例并不鲜见。他们把全部的精力投入到了爱情中，以至于迷失了自己。

的确，我们每个人都需要爱，爱是心灵最好的滋养品，是生活最强大的动力来源。很多人对爱情都充满着美好的憧憬，认为爱为的就是相聚，为的就是不再分离。然而，世事无常，人也无常。随着时间的流逝，众多因素的交合，往日的快乐也许烟消云散，心中不忘的却是曾有的承诺。于

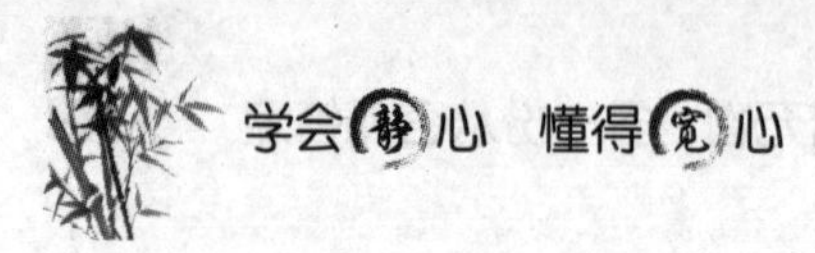

是，很多人企图挽回已经不存在的爱；而实际上，这样既累了自己，也累了对方。因为只有心灵顺其自然，才会有幸福的感觉。

生活中，常有人会有这样的感慨和迷惑："为什么他（她）不喜欢我了？""为什么要离开我？""为什么会是这样？"若从随缘的角度看，不喜欢不需要任何理由，喜欢也不需要任何理由；理解不需要任何理由，不理解也不需要任何理由。缘分就是缘分，不需要任何理由。随缘不变，则是不违背真理。庄子妻死，他知道生死如春夏秋冬四季的变化运行，既不能改变，也不可抗拒，所以他能"顺天安命，鼓盆而歌"；因此，新时代的人们，不妨学学庄子的洒脱，坦然面对爱情带来的悲欢离合，经历成长，继续在美好的人生路上轻舞飞扬。

缘来了，缘散了，留下一些美好也留下一些遗憾，正如生命中的每一个故事，是你的就是你的，不是你的终归不属于你。万事随缘，错过的就让它错过，该来的还要冷静地面对，珍惜你所拥有的。最好顺其自然，如果它微笑着翩翩而至，来到你的身边，它会永远属于你；如果它无意降临，你又何必死抓住不放，那么就请潇洒地松手。过多在意和企盼充其量只是一种无望的负担。

感情的事不能勉强。花终会谢，人终会老，而感情也会被时间腐蚀。缘分尽了别回头，没有什么值得你逗留。通过破碎凌乱的记忆回想曾经的山盟海誓，过去的海枯石烂，你的双眼会被曾经划伤，直到泪流满面。当一切不再清晰透明的时候，当美好的过去被厚厚的尘埃凝结的时候，当爱已成往事的时候，请不要苦苦守候，更不要痴痴挽留。用锁把这段记忆锁住，留一段美好的回忆。

生命本身就不是一场完美的戏剧，它始终有缺憾；它给你带来些什么，也会带走些什么。但无论怎样，你都应该潇洒一点，那场无可挽留的爱，你就当是什么中划过的一道美丽的彩虹，你要学会寻求解脱。只要你愿意，你可以勇敢地对已经逝去的彩虹说声"再见"，也可以把一切恩怨化作岁月的云烟，于前行里轻松地追逐梦想和信念。只要能坦然面对人生的得失，又何必在乎缘分的深浅和长短？

真正的潇洒就是看得开一切，因为计较得太多就成了一种羁绊，迷失

得太久便成了一种负担。不必太在意，拥有时多珍惜，失去后不说遗憾；过多的在乎将人生的乐趣减半，看淡了一切也就多了生命的释然。

漫漫寒夜终会过去，怀揣一份轻松和坦然，生活便会少一些烦恼和忧愁；该珍惜的就珍惜，该放手时就放手，如果将一切都看淡了，那么人世间也就没有什么可以让你耿耿于怀的事了。

与自己竞争，照出最本色的自我

我们每个人从出生起，都在不断认识世界、接受外在世界赠与我们的一切。我们学会了很多，包括科学文化知识、审美、与人相处等；但在这个过程中，我们却很少认识自己。实际上，我们也总是在逃避认识自己，因为认识自己，就意味着我们必须要接受自己“魔鬼”的一面，这个过程对于我们来说是痛苦的。但如果我们想实现自己的追求、成为更优秀的自己，就必须要认识自己，就像剥洋葱一样，寻找到最本真的自我。

有人说“成功时认识自己，失败时认识朋友”固然有一定的道理，但归根结底，我们认识的都是自己。无论是成功还是失败，都应坚持辩证的观点，不忽视长处和优点，也要认清短处与不足。同时，自我反省、认清自己还能帮助我们做回自我，只有这样，才能获得重生。

爱因斯坦小时候是个十分贪玩的孩子，他的母亲常常为此忧心忡忡，母亲的再三告诫对他来说如同耳边风。直到16岁那年的秋天，一天上午，父亲将正要去河边钓鱼的爱因斯坦拦住，并给他讲了一个故事，正是这个故事改变了爱因斯坦的一生。

父亲说：“昨天我和咱们的邻居杰克大叔去清扫南边的一个大烟囱，那烟囱只有踩着里面的钢筋踏梯才能上去。你杰克大叔在前面，我在后面。我们抓着扶手一阶一阶地终于爬上去了。下来时，你杰克大叔依旧走在前面，我还是跟在后面。后来，钻出烟囱，我们发现了一件奇怪的事情：你杰克大叔的后背、脸上全被烟囱里的烟灰蹭黑了，而我身上竟连一点烟灰也没有。”

爱因斯坦的父亲继续微笑着说：“我看见你杰克大叔的模样，心想我一定和他一样，脸脏得像个小丑，于是我就到附近的小河里去洗了又洗。而你杰克大叔呢，他看我钻出烟囱时干干净净的，就以为他也和我一样干干净净的，只草草地洗了洗手就上街了。结果，街上的人都笑破了肚子，还以为你杰克大叔是个疯子呢。”

爱因斯坦听罢，忍不住和父亲一起大笑起来。父亲笑完后，郑重地对他说：“其实别人谁也不能做你的镜子，只有自己才是自己的镜子。拿别人做镜子，白痴或许会把自己照成天才的。”

的确，正如爱因斯坦父亲所说，我们只能做自己的镜子，照出真实的自我。生活中的人们，从爱因斯坦的故事中，你也应该有所感悟：追求理想固然重要，但在这个过程中，如果不留一只眼睛给自己，那么，你只会迷失自己，你要学会静下心来不断叩问自己内心深处发出的声音。

而事实情况是，日常生活中，我们既不可能每时每刻去反省自己，也不可能站在一定的高度、以局外人的身份来观察自己，于是，我们只能依据外界信息和他人的眼光来认识自己，于是，我们的思维就很容易受到外界信息的暗示，我们也就常常会迷失自己。

生活中的我们，也应该安静下来问自己，我们到底是在不断提升自己，还是只顾面子，不肯跟自己“摊牌”呢？或许有正直不阿的指导者，曾经指出你身上存在的问题或缺点，但可能你根本不愿意承认这点，因为你不愿意让他人看透自己。

任何一个人，只有学会倾听自己内心真正的声音，才可能不断挖掘出自身发展过程中不足的部分。面对激烈的竞争，面对瞬息万变的环境，那些不愿意反省自己或者不愿意及时改正错误的人，必将面临衰败的结局。同时，在快节奏的信息社会中，一个人如果不能及时察觉自身的缺点，不能用最快的速度修正自己的发展方向，也必然会在学业和事业中落伍，被无情的竞争所淘汰。

第6章　云淡风轻，静心的世界里没有阴影

生活中，我们每个人都有情绪，喜、怒、哀、乐是我们生活中的常态，我们不可能完全摆脱情绪，但我们可以控制自己的情绪。善于控制自己的情绪的人，总是能看到事物的积极面，即使身处绝望之中，他们仍然能看到希望的种子，永远拥有乐观向上、不断奋斗的不竭动力。而相反，那些失败者，他们总是一味地抱怨，总是认为上天不公平，落后时不想奋起直追，消沉时只会借酒消愁，得意时又会忘乎所以，他们之所以失败只因为他们没有学会控制好自己的情绪。那么，生活中的人们，你更愿意做哪种人呢？生活告诉我们，拥有好情绪，就是胜利的保证，做人乐观、积极。我们就能朝着胜利的方向迈进。每个人今天的命运状况，或许都是自己昨天情绪的结果。

静下心来多思考，主动化解不快

我们都知道，人是社会动物，人生世上，都是在一定的社会环境中生活的，都存在敌人和朋友。对待朋友，我们的态度多半是关心和爱护，而对待敌人则完全相反，要么打压，要么老死不相往来。其实，如果我们能静下心来思考一下，就会发现，只要你主动伸出友谊之手，你就不仅有可

能改变彼此的关系，还能从对方身上学到很多长处。苏格拉底说的“真正高明的人，就是能够借助别人的智慧，来使自己不受蒙蔽”就是这个意思。然而，我们的身边却有这样一些人，他们太过天真，常常把身边的人简单地归类为朋友和敌人，认为世事非黑即白，还秉承所谓“不向敌人低头”的做人原则，其实，这种做法是幼稚的。有时候，真正能对你起到帮助作用的，不一定是你那些所谓的朋友，相反，有些关键时候，能起到作用的可能正是这些危险的朋友。因此，我们不妨善待他们，主动结交他们。

从前，有个村子里住着两户人家，一户姓李，一户姓张。他们两家是三代世仇，两户人家一碰面，就闹得不可开交。但经过一次事情之后，两家人却化敌为友了。

这天傍晚，老张与老李两个人各自从市集里回来，碰巧在返村的路上遇见了。找不到吵架的理由，两个人就独自走着，但都保持着一定的距离，一前一后。

市集距他们的村子还有一段距离，走着走着，天就快黑了，并且，这是一个阴雨天，感觉阴森森的。他们都小心翼翼地走着，突然，老张听见前面的老李“啊呀”一声惊叫，原来是他掉进溪沟里了。老张看见后，连忙赶了过去，心想：“无论如何总是条人命，怎么能见死不救呢？”于是他什么也没想，也忘记了以前两人的仇恨，赶紧去旁边的树上扯下一根树枝，迅速递到老李的手中。

很快，老李被救上来了，他很感激地向老张说了一声“谢谢”，然而猛一抬头后才发现，原来救自己的人居然是仇家老张。

老李很诧异地问：“你为什么要救我？”

老张说：“报恩。”

老李一听，更为疑惑：“报恩？恩从何来？”

老张说：“因为你救了我啊！”

这下可把老李弄糊涂了，他不解地问：“咦？我什么时候救过你啦？”

老张笑着说：“就在刚刚啊。这条小路上，就我们两个人一前一后地走着，换过来想想，如果我走在前面，那么，掉下去的就是我。另外，你

掉下去的时候，喊了一声‘啊呀’，若不是这声‘啊呀’，第二个坠入溪沟里的人肯定就是我了。所以，我哪有知恩不报的道理呢？因此，真要说感谢的话，那理当先由我说啊！”

当老张说完这些话，老李震惊了，原来他昔日憎恨的这个人心胸如此宽阔！他感激地紧握着老张的手，感动得不知道说什么好。

的确，退一步绝对能海阔天空，就像故事中的老李与老张一样。有时候，我们发现，当我们的人生陷入低谷时，真正拉我们一把的却正是我们曾经误认为的敌人。化敌为友，我们的人生才会变得更宽阔。总之，只要我们主动伸出和解之手，学会关爱我们的敌人，化解彼此心中的疙瘩，我们可能就会减少一个敌人，而增加一个肝胆相照的好朋友。

可能有人说，那些人曾经伤害了我们，我们怎么可能做到主动去结交呢？然而，你需要明白的是，最高境界的爱和宽容，就是宽容那些伤害过自己的人。这不是一件容易的事，但是如果你这样做了，就会从中体验到我们的富有和强大。而当一个人能够宽恕别人时，也必定能够宽容他自己。因为当他对自己充满自信之后，他就无需去防御别人。他敢于正视自己的缺点，就能对一生中所遭受的不可避免的冲突和挫折具有必要的忍耐力。

这就需要我们做到：

1. 消除心理成见

例如，可能你会认为，与不喜欢的同事合作，这种想法不是太功利性了吗？而其实，你想过没有，你之所以不喜欢这个同事，是谁的问题呢？如果他的人际关系很好，而唯独你不喜欢他，那么，这很可能就是你的问题了。因此，在与之合作前，你最好能消除对他的某些偏见。

2. 学会宽容，懂得忍耐

很多时候，我们都需要宽容，宽容不仅是给别人机会，更是为自己创造机会。如果你的同事做了伤害你的事，那么，你只有忘记仇恨，宽宏大量，才能与人和睦相处，才会赢得他的友谊和信任，才会赢得他的支持和帮助。

有朋友的人生路上，才会有关爱和扶持，才不会寂寞和孤独；有朋友的生活，才会少一点风雨，多一点温暖和阳光。因此，在朋友间破冰的过程中，如果你希望对方接纳你，那么，你自己就首先应该伸出友谊之手，而不要摆出一副冷冰冰的态度和架势，这只会让那些本愿意与你结交的人望而却步。只有积极、热情、真诚才能融化人与人之间的冰山。

先给自己的情绪降降火，别让一时之气冲昏头脑

日常生活中，人们常常会为了一些大大小小的事情生气。生气并不是一种先天性的情绪和行为，而是后天学到的。人们生不生气，可以自己控制，其中就包括降温法——冷处理。

我们先来看下面一个生活场景：

母亲：你先把你的房间收拾干净再吃饭。

儿子：我在写作业呢。

母亲：（不悦）我说了——我要你把房间收拾干净。

儿子：（生气）你别管我。

母亲：（生气）你少跟我这么说话。现在就收拾你的房间——马上！

儿子：（暴怒之下把书扔了过去）我说了，你别待在我房间里！

母亲：（非常生气）你敢冲我扔东西！现在你马上给我收拾，不然等着瞧。

可能很多父母和子女之间都有过这样的对话，彼此双方因为一件小事而最后闹得不可开交。其实，这一场景中，如果母亲说："你爱收拾不收拾，反正你得自己收拾。"然后起身离开，恐怕就不会和儿子之间发生如此剧烈的"战争"了。

所以，面对愤怒，选择冷处理是有利于问题的解决的。采取冷处理，意味着要控制愤怒的强度和持续的时间。如果你总想对付那些引发你愤怒的人或者事物，那你就无法管理好自己的愤怒。只有采取自我控制，放弃不满和委屈，这样才能做到冷处理，管理好愤怒。

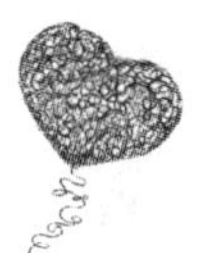

那么，具体来说，我们该怎样给情绪降温呢？你可以这样做：

1. 积极的语言暗示

日常生活中，我们运用语言多半是与人交谈，而语言还有其他很多的功用，其中就包括心理的暗示。语言暗示对人的心理乃至行为都有着奇妙的作用。

为此，当你心有不快，想要通过发火的方式来发泄时，你可以通过语言的暗示作用来调整自己，以使自己的不快得到缓解。达尔文说过："人要是发脾气就等于在人类进步的阶梯上倒退了一步。愤怒是以愚蠢开始，以后悔告终。"例如，你的朋友做了伤害你的事，你很想找他理论，并将他骂一顿，那么，此时，为了不让事情出现严重的后果，你在冲动前可以告诉自己："千万别做蠢事，发怒是无能的表现，发怒既伤自己，又伤别人，还于事无补。"在这样的一番提醒下，相信你的心情会平复很多。

2. 放松、调整自己

生活中，你总是会遇到一些令你不快的事，憋在心里只会让自己心情更郁闷，此时，你也可以找个发泄的方式，但一定要注意你的发泄是否会影响到他人。因此，最好的方法就是到一个无人的地方大喊几声，或者去从事一些体力劳动、去操场锻炼身体，当你的这些心理压力通过身体上的能量转换成汗水以后，你会发现，你的心情会好很多，气也就顺些了。当你生气的时候，你也可以拿出你的小镜子，看看生气时候的你是多么难看，那么，不如笑笑吧！我笑，镜中的我也笑，苦中作它几次乐，怨恨、愁苦、恼怒也就没有了。

另外，你可能会认为，一个坚强的人就应该始终不能哭，因为哭是懦弱的，而其实并不是如此。在过度痛苦和悲伤时，哭也不失为一种排解不良情绪的有效办法。哭不仅可以释放身体内的毒素，还能释放能量，调整机体平衡。在亲人和挚友面前痛哭，是一种真实感情的爆发；大哭一场，痛苦和悲伤的情绪就减少了许多，心情就会痛快多了。流眼泪并非懦弱的表示，所以你该哭当哭，该笑当笑，但要把握好一个度，否则会走向反面。

3. 自我激励，原谅对方

激励是人们精神活动的动力之一，也是保持心理健康的一种方法。当周围的人让你生气时，你不妨自我激励，告诉自己：如果我原谅他了，我的品质又提升了一步。这样自然就压制住了要发火的倾向。

4. 创造欢乐法

心绪不佳，烦恼苦闷的人，看周围一切都是暗淡的，即使看到高兴的事，也笑不起来。这时候如果想办法让自己高兴起来，笑起来，一切烦恼就会丢到九霄云外了。笑不仅能去掉烦恼，而且可以调解精神，促进身体健康。

失去冷静是很容易的，但时时刻刻都能保持冷静却是很难的。从根本上说，保持冷静就是在愤怒控制住你之前先控制住愤怒，也就是有意识地控制情感进而不是让其随心所欲地发展。

所以，生活中的人们，你需要告诉自己："发火前长吁三口气。"事实上，很多事情都没有我们想象得那么严重。如果不学着控制自己的情绪，随着性子大发脾气，不仅解决不了问题，还会伤了和气。

别太在意别人怎么说

诗人但丁曾说："走自己的路，让别人去说吧。"哲人尼采也曾说："面对别人的不喜欢应有坦然的态度。对方若是从生理上厌恶你，即便你如何礼貌地对待他，他都不会立刻对你改观。不可能让全世界的人都喜欢你，以平常心相待便是。"的确，我们不可能获得所有人的支持和认同，面对他人的不喜欢乃至恶语攻击，我们都不必生气，应有坦然的态度。

人活于世，就难免会受到一些伤害，这些伤害，有来自肉体上的，也有来自他人语言上的。我们在被人侵犯身体时，可以通过法律途径解决，而遭到他人的语言攻击，我们常常无处申诉。语言的戕害难以言表，它会滞留在你的心灵深处，因此你得到同情的机会微乎其微，更不易得到帮助。而其实，如果我们能迷糊一点，放下他人给我们带来的语言上的伤害，那么，对方必当会因为我们的以德报怨而心生惭愧，进而感念我们的宽容和大度，为我们的胸怀所折服。

有一天，在拥挤喧闹的百货大楼里，一位女士愤怒地对售货员说：

“幸好我没有打算在你们这儿找‘礼貌’，在这儿根本找不到！”

售货员沉默了一会儿说：“你可不可以让我看看你的样品?”

那位女士愣了一下，笑了。售货员的幽默打破了他们之间的尴尬局面。

其实，人生，只要不存在原则上的对立，就没必要有战争，没必要有硝烟，没必要对抗，更没必要老死不相往来。人生需要更多的智慧，人生也必须有智慧和能力解决问题。不以消灭对方或简单暴力结束彼此关系，可以给自己和冲突方最大的回旋余地，何乐而不为？例如，对待一个长舌妇，以牙还牙就失去了身份；一笑而过、沉默不语也未必不是一种很好的还击方式，必将使之气滞羞愧。

可见，事情弄得很紧张、很严重的时候，如果我们能大度一点，放下对方不快的言语对我们造成的伤害，便可巧妙地避免麻烦和纠纷。如果那位售货员对于争吵也采取一种较真的态度，那对于大家又有什么好处呢？无非是更加激化了双方的矛盾。正因为意识到这一点，这位售货员巧妙地批评了那位女士的无礼，从而制止了进一步的争论。

其实，退一万步讲，遭到他人的恶语攻击也是有一定的原因的，那些受人攻击的往往都是一些任重道远的人，这种情况几乎在每个行业都一样，它正说明了你的价值所在。球星贝克汉姆也曾说：“无法让所有人都喜欢你。”我们来看看他的一次经历：

2009年，贝克汉姆在回归洛杉矶银河队后的首个主场比赛中遭到了球迷的嘘声，但是“万人迷”贝克汉姆却并不在意，他表示要想让所有人都喜欢自己是不可能的。

赛后接受美国当地媒体的采访时，贝克汉姆表示自己并不在意球迷的嘘声，他说：“我不在乎。你不可能让所有的人都喜欢你。”在当天的比赛中，贝克汉姆用场上出色的表现回击了来自球迷的嘘声：银河队打入的两个进球都和小贝有关，其中一球还得益于他的直接助攻。就连曾经公开批评过贝克汉姆的银河队球员多诺万也表示：“如果大卫一直保持这样的状态，我确信他最终能赢回球迷的支持。”

的确，要想打破他人的成见，我们最应该做的事就是做好自己，用实力给证明自己，正如贝克汉姆的表现一样。当然，即使那些偏见永远存在，也不必为之伤脑筋。你做任何事情，来自外界的评价都会是两方面的，所以不要只看到杯子有一半是空的，还应该看到它还有一半是满的。对于别人的批评，有则改之，无则加勉，但没有必要影响自己的心情；对于看不惯你的人，如果他发现了你的缺点，你就应该勇于改正；如果是误会，就应该解释；解释不清，不妨敬而远之；敬而远之尤不可得，就避而远之。

其实反过来一想，无论你怎么做人做事，总是有人欣赏你，让所有人喜欢是件不可能的事，想让所有人讨厌也不那么容易。你绝对不能因此而生气，更不能大动肝火。如果真这样，那么，你只能越描越黑，让他人产生很多无端的猜忌；另外，你也会因为这些空穴来风的话而大伤脑筋。其实，如果你能懂得放下的智慧，凡事不做过多的解释，那么，这便是最好的证据和回击的武器。

如果他人是恶意攻击的话，你可以一笑了之，因为一定是你在某一方面做得很好，可能他是出于嫉妒的心理。所以对于这一类人你可以不用管他，只管继续走自己的路，唱自己的歌，做自己应该做的事，完全没有必要做什么所谓的“报复”；因为报复的代价实在是太高了，他最终会伤到自己的。

但如果那人是出于一片好心对你的言语攻击的话，就说明你在某方面做得不够好令他失望了，那你得首先要“负荆请罪”感谢他，然后找出自己的毛病来，并加以改正，努力做到最好！

冲动是魔鬼，掌控好自己的情绪

我们知道，人非草木孰能无情，我们都是情绪的动物，我们的心情好坏常常会被周围的一些人和事影响；有些人甚至是很情绪化的，他们的情绪似乎总是不受自己控制，于是，他们起伏于这种恶性失衡之中，常常陷入自相矛盾的境地，从而失去了正确的判断力。而那些成功者则能做到自控，无论外界怎么变幻，他们总是能以理智的心态面对，他们有着很强的自律能力。青少年朋友们，现在的你年轻气盛，容易冲动，但请记住：冲动是魔鬼，会让自

己一败涂地。从现在起，一定要做到自制、理智思考并克服自己的情绪。

有这样一个故事：

曾经，有一个经验丰富的高级间谍被敌军抓住了，他立即想到，要想逃脱，就必须装聋作哑。当然，敌军也怀疑他是否真的不会说话。于是，他们开始运用各种方法盘问他，无论是诱惑还是欺骗，他都不为所动。于是，到最后，敌军审判官只好说："好吧，看起来我从你这里问不出任何东西，你可以走了。"

这个间谍当然心里明白，这只不过是审判官检验他是否真说谎的一个方法而已。因为一个人在获得自由的情况下，内心的喜悦往往是抑制不住的，如果他此时听到审判官的话后立即表现出很愉快或者激动起来，则证明他听得到审判官的话，那么，他就不打自招了。因此，他还是站在原地不动声色。最后，这名审判官不得不相信，他真的不是间谍。

就这样，这位间谍的生命，凭他特有的自制力生存下来了。

看完这个故事，我们不得不惊叹，多么精明的间谍！俗话说：态度决定一切。这就是说，一个人的情绪糟糕，容易冲动，往往会把一切事情都办糟糕；即使遇到了好事和良机，也会因为不良的情绪，使自己产生出无形的压力，使自己的能力无法充分发挥，从而错过这些机遇。

一位研究情绪的心理学家曾这样告诉人们："生气是一种最具破坏性的情绪，它给人们带来的负面情绪可能远远超出我们的想象。"一个人在生气时，他的所作所为都是没有经过大脑思考的，处处沾染上冲动的痕迹。虽然，怒气在发泄的那一瞬间是顺畅的，但是，后果却需要我们为自己承担。所以，学会做一个智者，克制住内心的愤怒，不要生气，千万不要因为生气而说出愚蠢的话，做出愚蠢的行为。

的确，生活中我们会遇到各种各样的事情，也难免会由于冲动而做出一些连自己都不知道该不该做的事情，也就因此会产生许许多多的埋怨；在不管遇到什么事情的情况下，都难冷静地让自己思考一下，哪怕只是短短的几秒钟。而就是这短短的几秒钟的思考也许就会使结果完全不一样了！

具体来说，你需要做到：

首先，你要先冷却情绪。

美国一位社会心理学家对容易发怒的人提出了这样一个建议：试试推迟你的动怒时间。一旦你意识到可以推迟动怒，你便学会了自我控制。推迟动怒也就是控制愤怒。经过多次练习后，你便会知道如何消除愤怒。

在气头上，你很容易冲动而做出一些错事，为此，你首先要做的就是冷静，为自己的情绪降温。具体来说，你可以尝试以下几种方法：

第一，“数数法”。不过这里的数数，并不能按照常规数字顺序，因为这样做并不会启动我们的理性程序，而应该打乱顺序，比如，1、4、7、10……这样一来，你的理性思考能力就可以渐渐恢复了。

第二，描述法。比如，你可以这样描述：这个茶杯是黄色的，他穿的毛衣是黑色的。数十至十二项物体的颜色，之后你会发现自己冷静多了。

其次，理智思考，替换非理性的“自发性念头”。

你要明白的一点是，真正让你产生不良情绪的，是我们的想法，而不是别人的行为。换句话说，不是发生了什么事，而是我们如何解释事件，才会决定产生的情绪。例如：你可以告诉自己：“我知道我的能力是极佳的，不会因为你一句话而影响我！”这样自我暗示，愤怒自然就无处可生，而会被其它情绪所替代了。

最后，你可以使用建设性的内心对话。

既然想法是导致情绪的主因，容易动怒的人就应该加强内心理智的想法，准备一些建设性的念头以备不时之需。例如：“无论如何，我都要平静地说慢慢地说。”“我才不会生气，生气就等于暴露了自己”等。

总之，如果你能掌握以上几点控制冲动情绪的方法，那么，不管遇到什么事情，也不管别人如何“挑衅”，你都能保持冷静的头脑。

别为琐事生气，成就平和心性

生活中，我们常常感叹什么是幸福。其实，幸福很简单，它就是父母端上桌的热腾腾的饭菜、是恋人手中的玫瑰、是重获新生的喜悦、是雨后

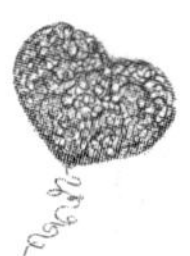

的阳光、是一件漂亮的衣裳、是看电视剧情不自禁爆笑的瞬间……幸福往往就是那些我们容易忽视的感受，它需要我们用心感知。然而，我们生活的周围，人们似乎总是因为一些事情而看不到幸福的存在：他们有的整日愁眉苦脸，小小的事情就能使他们不安、紧张，几乎每一件事情，都会在他们的心中盘踞很久，造成坏心情，影响生活和工作；有的脾气暴躁，一点小事就会触及他的神经，甚至与人怒目相向；有的总是不断抱怨生活，抱怨工作太辛苦、薪水太低；有的心眼如针，一旦发现他人犯错，便大加指责，咄咄逼人，引起别人的憎恶……这些人幸福吗？当然不！那么，他们为什么不幸福？因为他们太情绪化了！可以说，生气的情绪，对于我们的生活来说，犹如一颗定时炸弹，将严重影响我们的正常生活，使生活失去原本平和的美丽。因此，如果你渴望抓住幸福，就应该首先修炼心性，只有做到对世间万事万物能泰然处之，待人处事不温不火，才能以一颗平和的心态迎接幸福。

我们先来看下面一则故事：

曾经有一名政党的领袖正在指导一位准备参加参议员竞选的候选人，教他如何去获得多数人的选票。这位领袖和那人约定：“如果你违反我教给你的规则，你得被罚款十元。”

“行，没问题，什么时候开始？”那人答应。

“现在就开始。我教给你的第一条规则是：无论别人怎么损你、骂你、指责你、批评你，你都不允许发怒；无论人家说你什么坏话，你都得忍受。”

“这个容易，人家批评我，说我坏话，正好给我敲个警钟，我不会记在心上。”

“好的，我希望你能记住这个戒条，这是我教给你的规则当中最重要的一条。不过，像你这种呆头呆脑的人，不知道什么时候能记住。”

“什么！你居然说我……”那个候选人气急败坏起来。

“拿来，十块钱！”

“哎呀，我刚才破坏了你教给我的戒条吗？”

“当然，这条规则最重要，其余的规则也差不多。”

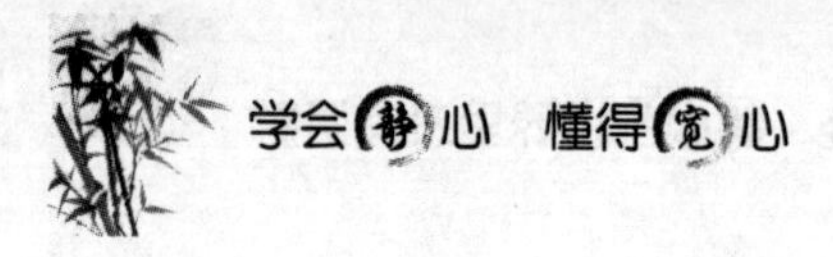

“你这个骗子……”

“对不起，又是十块钱。”领袖摊开双手道。

“赚这二十块也太容易了。”

“就是啊，你赶快拿出来，这是你自己答应的。如果你不拿出来，我就让你臭名远扬。”

“你这只狡猾的狐狸！”

“对不起，再拿十块钱。”

“呀，又是一次，好了，我以后再也不发脾气了！”

“算了吧，我并不是真的要你的钱，你出身贫寒，你父亲的声誉也坏透了！”

“你居然敢侮辱我的父亲！你这个恶棍！”

“看到了吧，又是十块钱，这回可不让你抵赖了。”

这一次，那位候选人心服口服了。那位领袖郑重地对他说：“现在你总该知道了吧，克制自己的愤怒并不容易，你要随时留心，时时在意。十块钱倒是小事，要是你每发一次脾气就丢掉一张选票，那损失可就大了。”听到这些，那位候选人彻底服了。

的确，生活中，有些人就像故事中的这位候选人一样，控制不住自己，特别是在不顺心的时候容易发怒。实际上，胡乱发脾气根本解决不了任何问题，反而会把事情弄得更糟。

事实上，心性好坏与否，对于他人而言所产生的影响力倒是次要的，它最严重的是对个人心态的影响。而个人心态直接影响的是个人的命运、成败得失、是否幸福等。

心性健康的人，他们的眼里都是美好的事物，如阳光、欢乐、温暖、健康，当他们遇到危险的时候，他们会有回避的能力。因此，他们有意愿并且有能力把日子过得顺心，就是遇到挫折，也能自我调整，能较自然地处在一种对事物的全面理解中。相反，那些心性不好的人，很明显，因为他们关注的视角不同，他们的生活是不幸福的。

然而，现实生活中，却有一些人特别容易情绪化，遇喜则喜，遇悲则悲，如遇不满，甚至破口大骂，导致很多不文明的举动相继爆发出来，

使自己形象全无。事实上，日常工作和生活中，令我们生气的事并不少，我们根本不必要去愤怒，我们大可以把关注的视角放在事物的另外一个方面，对这一方面的联想往往能使我们心平气和下来，长此以往，你便能修炼良好的心性。而所谓的心性，其实就是一个人的善恶成分、好与坏、正确与错误、如何判断自我与外界关系的一种综合反映。

美国的一位心理专家说：“我们的恼怒有80%是自己造成的。”而他把防止激动的方法归结为这样的话：“请冷静下来！要承认生活是不公正的，任何人都不是完美的，任何事情都可能不会按计划进行。”

聪明人深知，即使生气了也挽回不了什么，反而徒增许多怨气，于是，他们选择了不生气；愚蠢的人，他们总是看到事情的表面，凡事喜欢生气，总认为生气是自己的专利，殊不知，时间久了，生气便成了自己的本性。做一个聪明人，还是愚蠢的人，关键看你如何去选择。

赶走忧虑，前面会更明朗

德国的一位哲学家曾讲过这么一段话：“没有什么情感比焦虑更令人苦恼了，它给我们的心理造成巨大的痛苦。”而焦虑通常并非由实际威胁所引起，其紧张惊恐程度也与现实情况很不相称。追求快乐是人类的本能。因此，通常来说，忧虑多是无谓的担心。我们要彻底摆脱使人苦恼的忧虑感，就要选择平静身心。

从前，有个这样的故事：

杞国有个人担忧天会塌地会陷，自己无处存身，便整天睡不好觉，吃不下饭。另外又有个人为这个杞国人的忧愁而忧愁，就去开导他，说：“天不过是积聚的气体罢了，没有哪个地方没有空气的。你一举一动，一呼一吸，整天都在天空里活动，怎么还担心天会塌下来呢？”那个人说：“天果真是气体，那日月星辰不就会掉下来了吗？”开导他的人说：“日月星辰也是空气中发光的东西，即使掉下来，也不会伤害到什么。”那个人又说："如果地陷下去怎么办？"开导他的人说："地不过是堆积的土块罢了，填满了四处，没有什么地方是没有土块的。你站立行走，整天都在地上活动，怎么还担心会陷下去呢？"

经过这个人一解释，那个杞国人放下心来，很高兴；开导他的人也放了心，也高兴起来。

这就是杞人忧天的故事，这个故事常比喻不必要的或缺乏根据的忧虑和担心。可能你会觉得故事中的这个人很可笑，然而，我们生活中就是有这样自寻烦恼的人。

在外人眼里，王大妈是个很有福气的人，老伴是"高工"，儿子出国深造，自己退休在家抱孙子，真可谓万事如意。可王大妈自从儿子出国后经常睡不好觉，噩梦连绵，连白天也提心吊胆，担心儿子过不惯国外的快节奏生活，又怕儿子在国外遭到不幸。

赵小姐今年29岁，她最近给心理专家寄去了咨询信，信中说她近来看到一些不好的事物或现象，心里面就会产生一些不好的联想。如看到有的妇女不孕，就担心自己如果和她们在一起，也会跟着患不孕症；有时候爱人出差了，她就会担心他在路上出车祸。陈小姐说，自己明明知道这些想法是杞人忧天，也总是想找一些办法来排除，但就是解决不了。

这种自寻烦恼的现象，就是"现代焦虑症"。那么，这些杞人忧天者到底忧从何来呢？

随着生活条件的改善，人们不再为吃穿发愁，不用再经过艰苦奋斗而获得基本的生活保障，于是，有些人变得贪图安逸起来。而一旦社会适应能力减退，加上受到挫折，就容易诱发焦虑症。

任何心理的问题都不是绝对的，每种心理障碍都有着某些联系和类似。杞人忧天者找到自己的症结所在，学会凡事往好处想，焦虑的症状就能得到逐步改善。

对此，我们应积极寻求克服焦虑的心理策略，如下面一些自我调节的方法或许有助于你早日摆脱焦虑。

1. 挖掘出引起焦虑和痛苦的根本原因

研究发现，很多焦虑症患者患病是有一个过程的，他们的潜意识中长

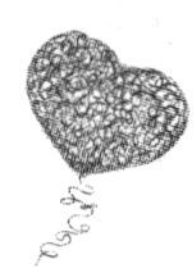

期存在一些被压抑的情绪体验，或者曾经受到过某种心灵的创伤；并且，这些焦虑症状早已以其他形式体现出来，只是患者本人没有对自己的情况引起重视。因此，生活中的我们，一旦发现自己有焦虑情绪，就应该学会自我调节、自我调整，把意识深层中引起焦虑和痛苦的事情发掘出来，必要时可以采取合适的发泄方法，将痛苦和焦虑尽情地发泄出来，经过发泄之后症状可得到明显解缓。

2. 尽可能地保持心平气和

有句俗语叫：欲速则不达。要摆脱焦虑最忌急躁。当然，对于那些有焦虑症的患者，这是有一定的难度的。要有所认知，你的担忧是不必要的，因为它们发生的概率很小，不必要自寻烦恼。

3. 凡事做好最坏的打算

对于潜在的危险、威胁、恐惧等，最好的办法是，从心理上做好最坏的打算。通常，为了消除中学生的高考焦虑，心理医生会与来访的学生一起讨论高考失利或落榜的后果及其落榜以后的打算，道理就在于此。把失败考虑在前，有利于以放松的心态参与竞技，这样，你就有足够的心理准备应对不测。

4. 必须树立起自信心

那些易焦虑的人，通常都有自卑的特点，遇事时，他们多半会看低自己的能力而夸大事情的难度；而一旦遇到挫折，他们的焦虑情绪和自卑心理就更为明显。因此，我们在发现自己的这些弱点时，就应该引起重视并努力加以纠正，绝不能存有依赖性，只等待他人的帮助。有了自信心就不会害怕失败。如果十次之中成功了一次，就会增添一份自信，焦虑也就退却了一步。

5. 找到自己的兴趣所在并全身心投入进去。很多时候，人们杞人忧天的原因，就是逃避现实，如觉得某些事情危险，就不去做了。可当你投入做事情的时候，就很容易忘记焦虑。

人生的平淡和起起伏伏都是一种生命的轨迹，而只有内心平和的人才能体味其中的真谛。因此，我们不妨以平常心看待生活，用心去享受简单生活中的快乐、幸福！

第7章 静以修身，发现人生宁静的方法

现代社会，生活节奏越来越快，人际关系越来越复杂，处处充满了诱惑，使人心神不宁，为此，我们就有必要去找寻修身、静心的方法。对此，不同的人有不同的方法，一些人更喜欢在闲暇时融入自然，去拥抱阳光，吸取自然的力量；一些人喜欢静静地聆听悦耳的音乐，在音乐中获得身心的放松；更有一些人喜欢阅读，在书海中他们的心才会安定下来……其实，不管何种方法，只要能让我们将浮躁的心沉静下来，我们就能更好地清除内心的垃圾，排解内心的压力，就能更好地融入到接下来的生活和工作中。

瑜伽，在静止的运动中获得身心的放松

瑜伽，这一源远流长的东方文化，虽起源于古老的印度，却盛行于欧美，成为许多著名的影星、政坛要员、流行乐手的宠儿，他们无不以瑜伽作为健身、减肥、减压的良方，像美国歌星麦当娜习瑜伽使自己身躯如少女般柔美；英国女皇对瑜伽的痴迷，使她虽年过半百却依然风韵犹存；全球娱乐圈中很多人也都对瑜伽很痴迷，香港影后张曼玉也以习瑜伽来纤体瘦身，保持优美的身材。

孙女士是一位医生。自年初医院对主任们实行末位淘汰制以来，她心理压力很大，经常感到头昏脑涨、四肢乏力、心浮气躁，脾气也越来越不好。半年以后，她人瘦了不少，气色也不再红润，有人说她得了抑郁症。但最近几个月，同事们普遍反映：以前那个心浮气躁、总感不适的她摇身变成了稳重大度、耐心敬业的人。是什么让她放下压力、乐观地去工作与生活？孙女士说，是瑜伽，自从每天练瑜伽，她感到浑身有使不完的劲。

生活中，像孙女士一样存在心理问题的人并不少见，生活中的种种问题让他们情绪不佳，但却不知如何宣泄。其实，瑜伽就是一个很好的方法。据统计，有50%的人一周中至少有一天会感到疲惫。美国乔治亚州大学的研究者通过对70项不同研究分析得出：让身体动起来可以增加身体能量、减少疲惫感。

瑜伽为什么越来越多地受到大家的青睐呢？这不仅在于瑜伽文化的独特魅力，而且作为一种最自然、最具亲和力的练习，它适合于任何年龄段的人练习。的确，瑜伽的好处很多，它能帮助我们协调身体和精神，还有助于我们预防疾病。瑜伽最大的特点是严谨的实践性、科学性和逻辑性。瑜伽能帮助女性减肥，健身，还能有效地帮助人们改善情绪，有效地提高睡眠质量。总结起来，瑜伽有以下几大好处：

1. 安抚情绪，可以驯悍

很多练瑜伽的人都称自己逐渐改变了火爆脾气。如美国旧金山监狱，在1997年，对暴力上瘾者利用瑜伽和戏剧治疗，帮助他们冷静下来，从而帮助他们找到自己具有侵略性的原因。多做深呼吸，自然就学会了放松，瑜伽不是单纯的扭麻花，只有竞技动作的难度，而是在一呼一吸中找到你的宁静。

2. 变身美丽，更加专一

瑜伽最重要的是放松、平衡、获得宁静。每次练习的时候，老师让我们始终微笑，关注身体，让身体、心灵在一呼一吸中吸进纯净，吐出毒素。老师最爱说，是身体在做动作，不是脸在做动作。想想看，松了眉头，心脏就舒展了，身体就放松了。经常笑的人自然美丽，经常笑的人一定知足，心无旁骛。

3. 增进健康，延年益寿

可能有些体验过瑜伽的人有这样的感觉：瑜伽好像是和自己身体过不去，尽是一些看似简单，实际难做的动作。的确，因为我们普通人太缺乏锻炼了，动动胳膊动动腿都会很难受；而且我们对身体只是使用，玩命地使用（熬夜工作熬夜玩），对身体不懂保养。但只要你练习，你就会发现痛过之后是轻松，是舒展，是欣快感。练习瑜伽，不仅运动肌肉，更可以刺激人体的各个腺体；学会呼吸，更是可以延年益寿。

4. 挺直脊椎，增加自信

挺直了脊椎，才能扬眉吐气地做人。瑜伽的练习中，老师总是强调这点。瑜伽能够增强自信的原因是：任何年龄，任何职业，只要是地球人都可以练，当然有些动作对于罹患某种疾病的人是禁止的。但瑜伽动作很多，只要你坚持，一天做一点，带着愉悦的心情去做，你一定会发现，也许你别的事情做不好，但瑜伽只要坚持，就会有进步。

可见，现代社会，无论是追求美的女人们还是想放松身心的男人们，瑜伽无疑是不二之选。当然，如果从未接受过正规训练，最好不要随便在家里练习瑜伽，那样容易受伤，且效果欠佳。不妨先去学习，求助于专业的老师。

远离尘嚣，自然才是最好的静心空间

身处于世，我们难免会因为尘世中的琐碎事件而影响心情。如果我们的烦恼不断增多，日积月累，我们心灵的垃圾就会堆积起来，这对于我们的身心健康是极为不利的。因此，现代城市人寻求到了一种释放压力、忘却烦恼的方法——走进大自然。大自然的奇山秀水常能震撼人的心灵。登上高山，会顿感心胸开阔；放眼大海，会有超脱之感；走进森林，就会觉得一切都那么清新。

曾经有个男青年，他与相恋两年的女友分手了。男青年曾十分钟情于女友，分手之后的一段时间，他终日茶饭不思，夜不能寐，十分痛苦，身

体也逐渐大不如从前。爱恨交织之下，他居然萌生了报复她的念头。

男青年的一帮朋友看在眼里，急在心上，生怕他出事。后来，他们想到一个方法——多带男青年出门走走。于是，周末他们带他走进大山大河，投入了大自然的怀抱。他们寄情于山水之中，朋友们用许多事实和道理开启他，让他学会忘却。山的博大胸襟，江的容纳气度，水的坚韧品质，朋友们清泉般穿透心田的良言，终于让他明白了许多。渐渐地，他从伤痛的沼泽地中走了出来。

的确，当我们心理不平衡、苦恼丛生时，应到大自然中去。山区或海滨周围的空气中含有较多的阴离子，阴离子是人和动物生存必要的物质。空气中的阴离子越多，人体的器官和组织所得到的氧气就越充足，新陈代谢机能便越盛，神经体液的调节功能也会增强，有利于促进机体的健康。而身体越健康，心理就越容易平静。

大自然是神奇的，充满着人类所未知的力量。古人讲究天人合一，也正是想从大自然中汲取万物之精华。现代社会，生活节奏的加快，人际关系的复杂，处处的诱惑，常使人心神不宁。那么，怎样才能静心呢？其实答案很简单，假如你能够全身心地投入自然，拥抱阳光，就能够吸取自然的力量，坚定不移地追求人生至真至善至美的最高境界。记住，自然，是最好的静心的空间。

如今，越来越多的人涌入城市，飞速发展的城市更是标志着人类走向文明和成熟。但是，凡事都有两面性，在走进城市的同时，我们无疑失去了大自然。大多数人们身处闹市，整日面对着鳞次栉比的高楼，在闪烁的霓虹灯之下，我们已经遗忘了大自然的味道。猛然惊醒的时候，才发现自己更需要的是一轮满月的天空、一份清新纯净的空气、一汪清澈流淌的河水……绿色是生命的颜色，代表着无限的希望。很多人都听说过绿色覆盖率这个名词，其实，一个城市的绿色覆盖率是一个城市的氧气指标值以及空气净化度的最快提升因素。有人去过高原，一定知道高原上氧气稀薄，这主要是因为恶劣的高原环境让植被无法存活下去，而植物的光合作用则是可以迅速生成人类所需的氧气。为此，有植物的地方才更适合人类的生存。其实，人们应该为自己生活在平原地区而感到幸运，假如生活在一个植被丰富的城市里，则更是一种莫大的幸福。

大自然让人感到亲切，人类是在大自然当中生存发展的，人类本能地对自然界有种亲切感，而大自然的节律也有利于人类的发展。

我们应掌握两点与大自然亲近的操作诀窍：

（1）一旦走入大自然，就要全身心地投入进去。例如，到草地上躺躺，到大树下睡一觉，将脚放到流淌的清泉里，还可以钓鱼、赏花，或者只是品味大自然的气息……

（2）出去时最好带上自己信任的人，如家人和好朋友。一边在美丽的风光中游览，一边和身边的人聊聊心事，这样会收到意想不到的减压效果，会感觉自己像换了一个人似的。

有条件的话，最好到真正的大自然当中去，如郊区。如不具备条件，可考虑到城市公园等人造的自然风光中去，当然效果会打些折扣。在走入大自然之前，可能还得考虑时间、金钱等问题，多数情况下，这一切都是值得的。

现代人虽然远离大自然，但是本能和遗传的作用还是让人们能感到大自然的亲切，这种亲切感会让人倍感放松。心理学的实践证明，当有心理问题的人跑到大自然中时，会全身心融入自然，忘却烦恼，并可由此产生一种感悟，从而让压力烟消云散。

运动法助你排解所有的不快情绪

人们常说："生命在于运动。"运动是保持身体健康的重要方法。早在2400年以前，医学之父希波克拉底就讲过："阳光、空气、水和运动，这是生命和健康的源泉。"生命和健康，离不开阳光、空气、水和运动。长期坚持适量的运动，可以使人青春永驻、精神焕发。

现实生活中，许多人会面对工作、生活、学习等方方面面的压力，不良情绪常常不期而至。对此，有些人选择向他人发泄，有些人选择闷在心里，

也有的感到无所适从。殊不知，运动是排解压力的一种行之有效的好方法。

我国著名的地质学家李四光，在伯明翰大学学习期间，正值第一次世界大战爆发。一时间，生活物资日益短缺，物价开始上涨，生活极度困难，许多留学生已无法忍受，纷纷离开了英国。但李四光硬是凭着顽强的毅力和从小养成的坚忍精神，节衣缩食，克服了种种困难，把学习坚持了下来。他常常利用假期，跑到矿山做临时工，赚钱维持生活，继续完成学业。

在这样艰难的时候，他乐观旷达，劳逸结合，偶尔会在假日走进公园，看看名胜古迹，并利用业余时间学会了拉小提琴，并成了他终生的爱好。

的确，一个真正会学习的人不会打疲劳战，而是懂得通过身体锻炼来调节。不知你有没有这样的体验：当情绪低落时，参加一项自己喜欢又擅长的体育运动，可以很快地将不良情绪抛之脑后。这是因为体育运动可以缓解心理焦虑和紧张程度，分散对不愉快事件的注意力，将人从不良情绪中解放出来。另外，疲劳和疾病往往是导致人们情绪不良的重要原因，适量的体育运动可以消除疲劳，减少或避免各种疾病。18世纪法国一位著名医生曾说："运动就其作用来说可以代替任何药物，但世界上的一切药品并不能取代运动的作用。"

美国运动医学院的研究表明，正确的运动可帮你持久保持健康活力和苗条体态的程度高达70%，更健康的心脏和更低的患癌风险是运动带来的最为显著的两大益处。

另外，适当有效的锻炼基本上可以保证拥有更好的体态。美国宾夕法尼亚州大学的研究发现，随机选择一些女性，在经过4个月的步行运动或瑜伽练习后，即使体重并没有发生任何变化，她们却感到自己比以前更加性感、更有吸引力了。锻炼可以增加生殖系统的血流量，让人置身于爱的情绪中。

对大多数人来说，日常生活中，只要我们能多参加运动，适当调节自己的心情，就能获得快乐的心情、赶走不快的情绪。因为运动的效果是积极的，它可以激发人的积极情感和思维，从而抵制内心的消极情绪。此外，运动时能促进大脑分泌一种化学物质——内啡肽，内啡肽可以帮助我们降低抑郁、焦虑、困惑以及其他消极情绪。通过改善体能，也能增强自我掌控感，重拾信心。

运动分成有氧运动和无氧运动两种，无氧运动一般都是短时间高强度的，对人的意义不大，弄不好还容易伤到自己。最好还是有氧运动，对人不但有锻炼身体的效果，而且还能调节情绪问题，有效地应对情绪中暑。

有人说，运动会出汗。运动当然是会出汗，这是毋庸置疑的。但除了汗水之外，我们收获的会更多，我们的身心会在汗水中得到释放。再者，并不是所有的运动都和人们想象的一样出很多汗，如游泳，夏天最好的运动方式莫过于游泳。当然，无论哪种运动，出点汗都是好事。出汗之后，只要能迅速补充体液补充矿物质，再加上一个热水澡，那么剩下的就是舒舒服服的感觉了。尤其是在经过了一段时间的剧烈运动后，那些所谓的烦恼都被抛到九霄云外去了，你会觉得身心异常畅快。有科学研究表明，运动后人体内会产生一些类似于兴奋剂的物质，让人感到愉快。

当你心烦意乱、心情压抑时，适度运动可带来好心情。虽然运动对于人排解不良情绪有益，但应该把握适当的度，否则会对身体造成损害。并且，你要选择自己喜欢的运动，这样才能有恒心持久地练下去。

多读书，阅读令人心安

有人说，人的灵魂不能浅薄、庸俗、无聊，它永远在追求最高尚的东西，而使之高尚的重要渠道就是读书。书是人类进步的阶梯；书是智慧的殿堂，珍藏着人生思想的精英，是金玉良言的宝库。另外，读书还能净化我们的心灵，当我们内心浮躁不安的时候，不妨让自己徜徉在书的海洋中，你会发现，文字是世界上最为美妙的东西。

我国著名的马克思主义经济学家、《资本论》最早的中文翻译者王亚南，从小就酷爱读书。他在读中学时，为了争取更多的时间读书，特意把自己睡的木板床的一只脚锯短半尺，成为三脚床。当他每天书读书到深夜，疲劳时上床去睡一觉后迷糊中一翻身，床向短脚方向倾斜过去，他一下子被惊醒过来，便立刻下床，继续伏案夜读。就这样天天如此，从未间

断。结果他年年都取得优异的成绩，被誉为班内的“三杰”之一。

1933年，王亚南乘船去欧洲。半途中，突然刮起了大风，顿时巨浪滔天。当时，王亚男正在甲板上看书，他的眼镜已经被风吹走了，这时，他赶紧求助于旁边的服务员说：“请你把我绑在这根柱子上吧！”

听到王亚南的话，服务员不禁笑了起来，因为他以为王亚南是害怕自己被巨浪卷到海里去。谁知道，当他真的将王亚南绑在柱子上时，王亚南居然翻开书，聚精会神地看起来。船上的外国人看见了，无不向他投来惊异的目光，连声赞叹说：“啊！中国人，真了不起！”

这里，我们每个人都应该学习王亚南的读书精神，并要逐渐在生活中培养起读书的习惯。长此以往，你必定会爱上阅读。

生活中的人们，多读些书吧，读些好书。会读书的人都是身心健康的人。因为，书能给我们带来心灵最深处的滋养。当你被尘世所烦恼的时候，书会带我们步入一个世外桃源，一个脱离了纷扰现实的精神殿堂。具体说来，读书可以帮助我们达到以下几个境界：

1. 读懂书，读懂自然

自然能净化人的心灵，让人返璞归真。自然界中的一切声音：风声、雨声、松涛声、犬吠、鸡鸣、蟋蟀叫都是动听的。听到它们的时候，是心情最宁静的时候。这宁静，是没有争逐的安闲，是没有贪欲的怡然。这些属于自然的美妙，只有爱读书，远离尘嚣的人才能听得懂、看得到。因为从书中，我们也能感受着自然的每一天：红梅傲雪沐浴晨光中，觉天地一片灿烂，心神清新而明朗；徜徉晚霞里，感到人生无限温暖，精神愉悦而高洁。即使坐在屋内读书，也要靠窗而坐，用心去依靠那一树摇曳的翠绿，去接受那清风的吹拂。

2. 读懂书，读懂世界

爱读书的人看世界，觉得天蓝、地阔、人美。他们把生活读成诗，读成散文，读成小说。对生活，他们真心投入，用心欣赏，心里从不设防；对世人，他们不装腔作势，不阿谀奉承，总透着一身书卷气。

3. 读懂书，读懂自己

爱读书，会使你生活情趣高尚，很少持续地去叹息忧郁或无望地孤

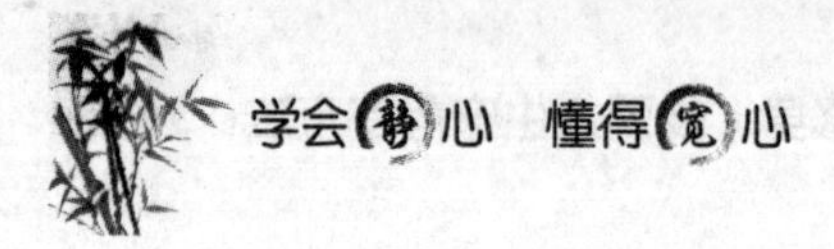

独惆怅，最重要的是会拥有健康的身体、从容的心态。只要心境能保持年轻，对于年华的逝去就会无所畏惧。高尔基说：“学问改变气质。”看来，读书是人们永葆青春的源泉。读书又是不分年龄界限的，年年岁岁都是人们读书的芳龄，永远是一份不过时的美丽。

4. 视读书为人生最大的快乐

这样，当别的人正津津乐道时尚流行、张家长李家短时，你就能定下心来，让自己陶醉在书的世界里，洗涤自己，充实自己，忧伤着自己，快乐着自己。

书中自是知识的海洋。其实，爱上阅读并不是什么难事，关键是你要学会读什么书，怎么读书，慢慢养成良好的读书习惯，你就会爱上读书。为此，你不必刻意追求读书的数量。的确，我们不得不承认，现在市场上充斥着各种书刊，并不是什么书目都适合青少年阅读的，真正有品位、适合鉴赏的寥寥无几。

约翰逊医生曾说：“一个人的后半生取决于他读到的第一本书的记忆。”因此，你需要记住，如果一本书不值得去阅读，就大可以不读，否则，你只会让自己装了一肚子的书，却解决不了生活中的一个小问题。对此，你可以询问父母，让父母引导自己找出喜欢的优秀文学作品，而不要浪费时间阅读垃圾文字。

另外，要学会带着感情阅读，这有利于培养自己的表达能力以及想象力。另外，你还可以写一些读书笔记，写出自己的感受。再者，睡前阅读是最佳阅读时机之一，浅睡眠时期最容易进行无意识的记忆，因此睡前的阅读一定要把握住。

用音乐的力量获得精神的放松

现代社会中的人们，每天都必须面临繁重的工作压力和生活压力，难免会有情绪低落的时候；当人的心情处于低潮时，对任何事情都提不起兴

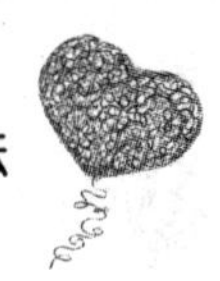

趣的。所以，要想摆脱这种心情，首先应该不要总是去想这些问题，转移注意力。而音乐就是舒缓心情、调节身心的良好方法。

读书可以使人在潜移默化中逐渐变得心胸开阔、气量豁达、不惧压力。若用心来读一本好书，就会有更多的人生体会和感悟。书籍不仅可以开阔我们的视野，更可以带给我们丰富的人生智慧。而音乐作为人类文化的一部分，对于人类文明的进步以及人类的身心健康一直有着非常重要的影响。科学家认为，当人在聆听优美悦耳的音乐时，可以改善神经系统、心血管系统、内分泌系统和消化系统的功能，促使人体分泌一种有利于身体健康的活性物质，该物质可以调节体内血管的流量和神经传导。

琳达今年28岁，原本在音乐系学习的她在毕业后不得不接手家族生意。每天，她都要亲力亲为公司的很多事，需要经常游走于各个谈判桌、饭桌之间，不停地出差，不停地坐飞机。她已经厌烦了这种生活，甚至说有了恐惧。她觉得自己必须要放松一段时间了。于是，这天，她开着车，带上读书时代最爱的小提琴，来到了离市区很远的河边。

听着潺潺的流水声、空谷中鸟儿的啼叫，呼吸着新鲜的空间，琳达拉起了小提琴，那些熟悉的旋律又浮现在脑海中，那些所谓的客户、订单、酒桌等都抛到了脑后的感觉真好，不知不觉间她在车上睡着了。醒来后，她感到了前所未有的放松，她心想，也许只有音乐能让自己的心静下来。

从那次以后，琳达重拾了自己当年的爱好，每周末，她都会花上半天的时间练小提琴。陶醉在自己的音乐世界里，她很享受。

的确，生活中，很多人都和琳达一样，因为工作、因为生活，不得不四处奔波，硬着头皮在喧嚣的尘世中闯荡；长时间下来，他们疲惫不堪、精神紧张，却不知如何调节。其实，如果你能听听音乐或者学习一门乐器，你的心情就会得到舒缓。

可见，音乐是一种可以唤醒沉睡灵魂的力量。音乐作为一门艺术，它之所以能打动人，是因为它能以有韵律的声音方式表现出一种情感，它所蕴涵的宁静致远、清淡平和，可以使终日奔忙、身心俱疲的现代人得到彻底的放松。作为奔波于现代闹市中的人，一定要懂一点音乐。在音乐的圣殿中，我们能暂时忘记生活的繁琐，工作生活中的不顺心，能获得音乐给予我们的心灵滋养。

音乐是一种可以抚慰心灵的媒介，它可以和心灵产生共鸣，并把心中的不良情绪释放出来，还可以让你浮躁的内心恢复平静。当我们为现代生活所累时，不妨尝试一些音乐疗法。那么，什么是音乐疗法呢?

音乐疗法是通过生理和心理两个方面的途径来治疗疾病，一方面，音乐声波的频率和声压会引起生理上的反应；另一方面，音乐声波的频率和声压会引起心理上的反应。听音乐时，音乐能够启动大脑的情感中枢，这一大脑区域与人体在受到食物、性以及麻药甚至毒品刺激下变得异常活跃的区域完全一致。这一发现具有非常重要的意义，因为音乐不会像药品那样直接对大脑产生副作用，所以这种间接作用就显得更为神奇。

音乐疗法是一种自然疗法，它能使人感到愉快、提高大脑皮层的兴奋性、改善人们的情绪。同时，它还能消除人们因种种原因造成的紧张、焦躁、忧郁等不良心理状态。

音乐治疗在以下几个方面的疗效是显而易见的：有助于释放压力和情绪；减少不恰当行为及增强自制；改善学习兴趣，提高身体灵活性；改善人际关系的能力及处事技巧；增加专注力与定力；减压、排忧解困；改善身体和情绪功能，提高情商；强化个性气质；加快自我成长，提升自我价值，确定人生方向；缓解并医治身体的各种病症。

的确，不良情绪影响人的身体健康。对于那些对人体伤害更大的情绪，如绝望、悲怆，我们都可以通过音乐和书籍来调节，以使情绪能转变或移用到正常的激励机制上，因为它们能帮助我们洗涤心中的所有尘埃，给我们一个饱满的人生及永恒的幸福感受。

音乐是人类最美好的语言。听好歌，听轻松愉快的音乐会使人心旷神怡，会沉浸在幸福愉快之中而忘记烦恼。放声唱歌也是一种气度，一种潇洒，一种解脱，一种对长寿的呼唤。

下篇

立身处处要宽心

第8章　善待心灵：慢慢来，一切都来得及

现代高速运转的社会让生活中的人们变得忙碌起来，人们总是在不停地奔跑，不停地追逐前方的目标。尽管人们越来越富有，事业越来越成功，但在喧嚣的都市生活中，你是否问过自己：我的心是否累了？我真正需要的到底是什么？也许在这个快节奏的时代，我们真的走得太快了，是该停下脚步的时候了，应该等一等我们的心灵。可见，善待心灵才能让自己静下来，在百忙中找到头绪，将事情做到有条有理，这样才能让一切顺心顺意！

凡事宽处想，越想越宽广

细心的人们，你是否发现，在我们生活的周围，有这样两类人：一类人，他们的脸上总是挂着微笑，无论遇到什么事，他们都会积极面对，并且也似乎都有解决的方法。因此，他们生活得幸福、坦然，路也越走越宽；还有一类人，遇事他们总是往坏的方面想，于是，他们总是感到低迷，整日郁郁寡欢。那么，你更愿意做哪种人？当然是前者！有句话说得好："乐观者在灾祸中看到机会，悲观者在机会中看到灾祸。"凡事往宽处想，好运就不会远离。

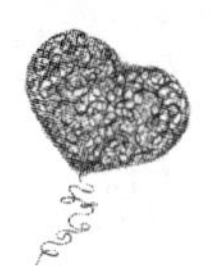

苏轼《题西林壁》云：“横看成岭侧成峰，远近高低各不同。不识庐山真面目，只缘身在此山中。”看似浅显的诗中，其实饱含着生活哲理。人人要面对红尘命运中的各种磨难和悲辛，身在其中，心思却能够超脱其外，以那种怀禅的释然，纳海的胸襟，平和的意绪，坦诚面向过往未来一切莫测的事变，那么尽享祥和的微笑是不言而喻。

有这样一则堪称“神奇”的故事：

曾经有一对年过40岁的夫妻，他们在进行年度身体检查时，却发现自己换了绝症：妻子得了乳腺癌，丈夫患了严重的动脉血管疾病，医生坦言他们只剩下半年时间了。这简直犹如晴天霹雳，他们原本幸福的生活似乎一下子就要破灭了。

然而，这对夫妻并没有就此在哀怨中生活，他们想了想，还有半年时间，足够他们完成这辈子最想做的事——环球旅行了。于是，他们卖掉了十年前才还清贷款的房子，很快就出发了。

在他们的旅行过程中，他们几乎忘记了生病这一回事，格外珍惜每一天，他们仿佛回到了二十年前他们刚结婚的时候，那时候，他们没钱、忙于工作、照顾孩子，但现在他们有机会了。看到他们甜蜜的样子，没有人会想到他们是一对生命即将结束的病人。

五个月后，他们的旅行结束了，按照规定，他们还需要做一次检查，但在看检查结果时，连医生都惊呆了，发现妻子的癌细胞已经消失，连丈夫的动脉血管阻塞也好了许多，这个结果让医生感到匪夷所思。

后来，医院就这一对夫妇的情况进行了研究，他们认为这是积极情绪的作用，快乐的人脑内会分泌一种安多芬，它会增加体内的淋巴球，进而增强对抗癌细胞的能力，能让人重新获得健康。

这简直是个奇迹！因此有人说，心态决定人生，积极乐观的心态是成功的源泉，是生命的阳光和温暖；而消极的心态是失败的开始，是生命的无形杀手。

当人生的不幸来临时，积极的心态是一个人战胜一切艰难困苦、走向成功的推进器。积极的心态，能够激发我们自身的所有聪明才智；而消极的心态，就像蛛网缠住昆虫的翅膀、脚足一样，会束缚人们才华的光辉。

雨后，一只蜘蛛艰难地向墙上已经支离破碎的网爬去，由于墙壁潮湿，它爬到一定的高度，就会掉下来，它一次次地向上爬，一次次地又掉下来……第一个人看到了，他叹了一口气，自言自语："我的一生不正如这只蜘蛛吗？忙忙碌碌而无所得。"于是，他日渐消沉。第二个人看到了，他说：这只蜘蛛真愚蠢，为什么不从旁边干燥的地方绕一下爬上去？我以后可不能像它那样愚蠢。于是，他变得聪明起来。第三个人看到了，他立刻被蜘蛛屡败屡战的精神感动了。于是，他变得坚强起来。

的确，对待同一样事物，几个人的看法不同是很正常的事。就像人也有两面性一样，问题在于我们自己怎样去审视，怎样去选择。面对太阳，你眼前是一片光明；背对太阳，你看到的就是自己的阴影。

积极乐观的人生态度，指的就是无论命运给了我们怎样的"礼物"，都不要忘记告诉自己一定要往宽处想，要用自己的微笑看待一切。看开点，生命才能将利于自己的局面一点点打开。在饱受约束的现实生活中，要让心灵快乐地飞翔，我们必须要打开自己的心扉。

日常生活中，丢了钱财，路遇堵车，看起来很倒霉，悲观的人或许会为此懊恼一整天，认为老天对自己不公平，结果心里十分不开心。在工作生活中带着这种郁闷的情绪，这对自己有什么好处呢？反过来，把这些不顺心当作生活中的一部分调料，乐观地看待，你或许会有另外一番心情……抱着这样的态度，看待生活，还会有什么不开心的事，还会有什么烦恼呢？

有这么一句流行的术语：好的情绪带你进天堂，坏的情绪带你住套房，甚至会住进十八层地狱！增强运用情绪的能力，就需要我们做到，时时心存感激不忘欣赏生活的美好，保持均衡的生活，让每一天都过得有意义。

"思想……能令天堂变地狱，地狱变天堂"。其实生活的状态如何、是否快乐和幸福，选择权就在我们自己手中……相信自己能做个乐观的、积极的人，相信自己能做个神采飞扬的人，那么，你看待事物的眼光也会转向积极乐观的一面。

总之，生活中的人们，无论命运把你抛向任何险恶的境地，你都要毫无畏惧，用你的笑容去对付它！而如果你能选择不把挫折拿来当成放弃努力的借口，那么，或许你们可以用一个新的角度，来看待一些一直让你们

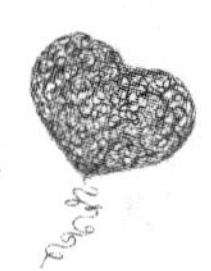

裹足不前的经历。你可以退一步，想开一点，然后你就有机会说："或许那也没什么大不了的！"

何必逼自己，凡事莫强求

生活中，我们常常说，做人做事都要认真、努力，这会使得我们更加完美，会不断进步。我们鼓励认真的态度，是为了让自己的人生变得幸福和充实。然而，生活中却有一些人，他们对自己太过苛刻，无论做什么事，他们都要求自己做到百分之百出色，不允许犯一点小错，不允许生活有一点瑕疵，结果常常因为对自己太过苛求而搞得身心疲惫不堪。其实，有缺憾的人生才是真实的人生，我们固然要有追求完美的态度，但如果过分追求完美，而又达不到完美，就必然会产生浮躁。过分追求完美往往不但得不偿失，反而会变得毫无完美可言。

另外，现实生活中，我们也会发现，那些高高在上、看似完美的人似乎没有什么朋友，人们也不愿意与之交往，这就是因为他们用完美给自己树立了一个好大形象，反而让人们敬而远之。

在一次盛大的招待宴会上，服务生倒酒时，不慎将酒洒到了坐在边上的一位宾客那光亮的秃头上。服务生吓得不知所措，在场的人也都目瞪口呆。而这位宾客却微笑着说："老弟，你以为这种治疗方法会有效吗？"宴会中的人闻声大笑，尴尬场面即刻被打破了。

借助"自嘲"，这位宾客既展示了自己的大度胸怀，又维护了自我尊严，我们不免对其心生敬意。从这个故事中，我们也应该获得一个启示：拒绝完美，凡事都不要逼自己，允许自己做不到一百分，你会发现，你才会活得轻松。

然而，生活中就是有这样一些人，他们做事谨小慎微，总是认为事情做得不到位。他们太过专注于小事而忽视全局，这主要是因为他们性格上的原因，他们对自己要求过于严格，同时又有些墨守成规。通常情况下，

因为他们过于认真、拘谨，缺少灵活性，他们比其他人活得更累，更缺乏一种随遇而安的心态。

他们总有这种表现，他们对自己和他人都要求很严格，如果一件事情没有做到自己满意的程度，那么必定是吃不好也睡不好，总觉得心里有个疙瘩，很不舒服。要知道，我们不会因为一个错误而成为不合格的人。生命是一场球赛，最好的球队也有丢分的记录，最差的球队也有辉煌的一刻。我们的目标应该是——尽可能让自己得到的多于失去的。

可以说，一个人对自己有高标准的要求是有益处的，它能使我们在正确的轨道上行走。然而，凡事都有度，过度就会适得其反。对自己要求太高，很容易让一个人对自己要求过分苛刻，也容易陷人极端状态。比如，当犯了一点错误时，他便会悔恨不已，甚至会妄自菲薄，贬低自己；那些自控力太强的人时刻会警惕自己的行为是否得当，他们会比那些凡事淡定的人活得更累。

那么，如果你是一个苛求自己的人，该如何做到自我调整呢？

（1）不要苛求自己。你不要总是问自己，这样做到位吗？别人会怎么看呢？过分在乎别人的看法就是苛求自己，你会忽略自己的存在。

（2）要改变自己的观念。你需要明白一点，世界上没有完美的事，保持一颗平常心并知足常乐，才是完美的心境。换一种新的思路，即尝试不完美，你会有一种新的感觉和收获。

（3）要改变释放方式。当你心情压抑时，你要选择正确的方式发泄，例如：唱歌、听音乐、运动等，并且，你要抱着一种享受到心情发泄，这样，你很快会感受到快乐。

（4）让一切顺其自然。不要对生活有对抗心理。过于较真的人，他们会活得很累，因此在思考问题时要学会接纳控制不了的局面，接纳自己所做的事，不要钻牛角尖。

（5）什么事情都会有个度，追求完美超过了这个度，心里就有可能系上解不开的疙瘩。我们常说的心理疾病，往往就是在这样不知不觉中出现的。对待自己的错误不依不饶的人，总是不想让人看到他们有任何瑕疵，给人的感觉是过分宽容，看似开朗热情，其实活得很累。

（6）失败的时候，请原谅自己。你会跟朋友说什么？想一想，如果你的好朋友经历了同样的挫折，你会怎样安慰他？你会说哪些鼓励的话？你会如何鼓励他继续追求自己的目标？这个视角会为你指明重归正途之路。

德国大文学家歌德曾说："谁若游戏人生，他就一事无成，谁不能主宰自己，就永远是一个奴隶。"就一般人而言，对自己没有高标准的要求，缺乏自控能力，一般不容易实现自己既定的人生目标，难以获得家庭的幸福和事业上的成功，因为其情绪容易受外来因素的干扰，使其行为与人生目标反向而行。但我们对自己不必太过苛刻则会带来相反效果。

因此，我们每个人都要记住，再美的钻石也有瑕疵，再纯的黄金也有不足，世间的万物没有纯而又纯和完美无瑕的，人也不例外。我们每个人都不可能一尘不染，在道德上、在言行上都不可能没有一点儿错误和不当。人总是趋于完美而永远达不到完美。因此，我们每个人不要对自己和别的人作过高的不切实际的要求，我们都是凡人一个。

放慢节奏，拆掉思维的墙

我们都知道，现在社会，人们的生活节奏非常快，为了房子、事业、家庭，人们总是马不停蹄地在奔跑，却很少有人愿意停下脚步来思考一下自己需要的到底是什么。人们趋之若鹜地朝一个方向追赶，生怕别人超过了自己，于是就透支了生命、透支了爱情、透支了亲情，在满足了所有人的要求后唯独忘了自我的真正需求，生活于是变得麻木而毫无激情，生命在瞎忙中老去，百年后如同一个匆匆过客化为尘土。

唐代有一位丰干禅师，住在天台山国清寺。一天，他在松林间漫步，山道旁忽然传来小孩啼哭的声音，他循声望去，原来是一个稚龄的小孩，衣服虽不整，但相貌奇伟。丰干禅师问了附近村庄人家，没有人知道这是谁家的孩子。丰干禅师不得已，只好把这男孩带回国清寺，等待人家来认领。因为他是丰干禅师捡回来的，所以大家都叫他"拾得"。

拾得在国清寺安住下来，渐渐长大以后，上座就让他做添饭的工作。时间久后，拾得也交了不少道友，其中一个名叫寒山的贫苦孩子，相交最为莫逆。因为寒山贫困，拾得就将斋堂里吃剩的饭用一个竹筒装起来，给寒山背回去。

有一天，寒山问拾得："如果世间有人无端地诽谤我、欺负我、侮辱我、耻笑我、轻视我、鄙贱我、厌恶我、欺骗我，我要怎么做才好呢？"

拾得回答道："你不妨忍着他、谦让他、任由他、避开他、耐烦他、尊敬他、不要理会他。再过几年，你且看他。"

寒山再问道："除此之外，还有什么处世秘诀，可以躲避别人恶意的纠缠呢？"

拾得回答道："弥勒菩萨偈语说——

老拙穿破袄，淡饭腹中饱，补破好遮寒，万事随缘了；

有人骂老拙，老拙只说好，有人打老拙，老拙自睡倒；

有人唾老拙，随他自干了，我也省力气，他也无烦恼；

这样波罗蜜，便是妙中宝，若知这消息，何愁道不了？

人弱心不弱，人贫道不贫，一心要修行，常在道中办。

如果能够体会偈中的精神，那就是无上的处世秘诀。"

有人说寒山、拾得乃文殊、普贤二大士化身。台州牧闾丘胤问丰干禅师："何方有真身菩萨？"意指丰干乃弥陀化身，惜世人不识，二人隐身岩中，人不复见。寒山、拾得二大士不为世事缠缚，洒脱自在，其处世秘诀确实高人一等。

俗话说："命里有时终须有，命里无时莫强求。"生活对于每个人来说，蕴藏着无限的哲理与深意，要做到不为世事缠缚，洒脱自在，就必须对生活的要求不能太多。

可能生活中的很多人都有这样的经历：

我们每天都会很努力地工作，向往着未来的生活；十年前，我们曾忧虑十年之后的自己，是否可以在这个大城市居住下来，是否可以成为这个城市的新新人类。十年后的今天，我们又一次渴望着改变，设想着自己未来十年的生活环境。

当你还是一名职场新人的时候，你的生活是忙碌的，你需要赶公交，需要写数不清的报告，你多希望自己可以享受一个无忧无虑的假期，多么希望自己可以每天睡到自然醒。但就在你幻想的那一刻，你想过没，有多少人正羡慕你可以衣食无忧，可以不用每天递求职信、跑招聘会？

当你已经是一名成熟的职场精英时，你开始有了自己的想法，你在想，凭什么每天受领导的呵斥，他的能力并不如我！你甚至想跳槽，幻想以后未来的某一天，你也在训斥你的下属，并为此扬扬得意。可你想过没，你是最高级的领导吗？如果不是，你永远都有可能受到顶头上司的教导甚至是呵斥！

可能你会说，现在我是总经理了，我终于可以不受人气了。但你错了，总经理的位置也不是每个人都能坐好的。其实每个经理人都有自己的难题。世上从来没有免费的午餐，老板付出的每一笔薪水都希望能够得到超值的回报。由此可想而知，那些做到总经理位置上的人们，每天的工作压力有多大，那是和他们的年薪成正比的。

那么老板就好做了吗？当然不是。不在其位不谋其政，老板担当的风险是最大的。作为职工，你失业了，可以再找工作；但老板别呢，因为公司是他们自己的，公司开门做事，每天要应付的各种人和事，可以算到你头大；公司要支付的各种费用，包括每个员工的每月工资都是老板要考虑的问题。

可能你会羡慕老板有无人管制的生活、有自由的假期，其实不然，公司是他们自己的，尤其是那些小公司的老板，每天都会衡量公司的损失，即使下了班心也不会休息。每月到了月底周转不灵的时候，老板就是有时间休假，也要忙活着自己公司的事情了。

事实上，当我们仔细回想时，我们拥有的幸福才是真实的：

我们不会担心自己的孩子在上学的路上是否会被绑架，我们不会看到陌生人就会恐慌害怕；我们不会想象自己的另一半会不会因为金钱的关系而与我们对簿公堂；股市风云对于我们小老百姓们没有任何的损失，我们看不到金融危机的来临带给我们的挫败，因此我们简单并快乐地生活着。我们没有机会因为生意失败而跳楼。很多时候总是会听到无论是在美国的纽约还是在大都会的香港，都有那些亿万富豪跳楼的报道。

总之，我们每个人，对于现在的生活，都应持有知足的心态，放下对于别处风景的幻想吧！我们都有自己的天空，有自己的土地，有自己的蓝天，有自己的快乐，有自己的幸福。不要去羡慕别人，这样你的生活才会变得悠然平静，从容不迫！

既已这样，事情还能糟糕到哪去

人生旅途漫漫，难免会遇到很多困难甚至是灾难，我们改变不了现状，但可以改变自己的心态。每当你遇到困难时，不妨如此激励自己：“既已这样，事情还能糟糕到哪去。”正如俗语说的那样：天不晴是因为雨没下透，下透了，也就晴了。

在荷兰的阿姆斯特丹市，有一座宏伟的大教堂，它建于15世纪。教堂内有一句很醒目的题词：“事已至此，别无选择。”这句话在告诫世人，当厄运或不公正的待遇降临到人们头上时，如果无法改变它，就要学会接受它、适应它。

“还有什么比现在更糟糕的呢？”这是一种达观的人生态度。在逆境或灾难中，抱着这样一种心态，凡事不焦躁，把一切交给时间处理，能适度保护自己。由此看来，很多情况下，一个人的处世态度，可以说是人生观、价值观直接影响着他的人生经历、人生体验。即使出生背景一模一样的两个人，如果人生态度不同，人生历程将会迥然不同。同样，固然人生命运多舛，只要有积极向上的处世态度就能享受成功的快乐，或是品味生活的乐趣。

曾经有个人，他的一生都是充满不幸的。

在他46岁那年，他坐的飞机出了事故，他全身65%以上的皮肤都被烧坏了。无奈之下，他必须进行植皮手术。但他没想到的是，居然做了16次手术，他的脸变成了一块彩色板，并且，他的手指也没有了，人也瘫痪了，只能靠轮椅行动。可出乎意料的是，就在六个月后，这个巨人居然架起飞

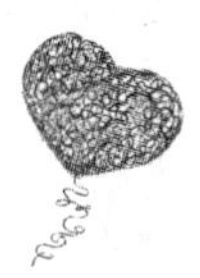

机飞上了蓝天。

然而，厄运并没有到此结束。4年后，在一次飞行过程中，他所驾驶的飞机居然失控，然后摔回跑道，而他的12块脊椎骨全部被压得粉碎，腰部以下永远瘫痪了。

但即使这样，他也没有消沉，他说："我瘫痪之前可以做1万种事，现在我只能做9000种，我还可以把注意力和目光放在能做的9000种事上。我的人生遭受过两次重大的挫折，所以，我只能选择不把挫折拿来当成自己放弃努力的借口。"

这位生活的强者，就是米契尔。正因为他永不放弃努力，最终成为了一位百万富翁、演说家，还在政坛上获得了一席之地。

看完这个故事，你是否会认为，米歇尔应该是世界上最不幸的了人？的确，一个经受过如此挫折和不幸的人都能成为生活的强者，你又有什么理由做不到呢？

人生苦短，我们确实渺小得如一粒尘埃，但无论生活给予我们怎样的挫折，我们都不能一蹶不振，而应该勇敢地站起来，正如张海迪所说："即使跌倒一百次，也要一百零一次地站起来。"失败并不可怕，可怕的是一蹶不振。一个人不仅要有天资、勤勉、进取之心，还要有一种经受得住挫折和磨难的韧性，这样才会使人生臻于完善，走向理想的归宿。

曾经有位叫希伯尼的医生，他发现，他能预知哪些癌症病人会痊愈。他只要问癌症病人："你想活到一百岁吗？"那些感到人生目的有深切意义的病人会说："当然想。"而这些病人大多数可以痊愈，因为人生有目的就有希望。事实上，任何人的一生都是如此，只要你决定要过一个有目的导向的人生，你的生命就会有奇妙的改变。

然而，现实生活中，总有人一味沉溺在已经发生的事情中，不停地抱怨，不断地自责。这样一来，只能将自己的心境弄得越来越糟。这种对已经发生的无可弥补的事情不断抱怨和后悔的人，注定会活在迷离混沌的状态中，看不见前面一片明朗的人生。而之所以这样，是因为经历的磨炼太少。

富兰克林·德拉诺·罗斯福总统39岁时染上了小儿麻痹症。这突如其来的灾难差点把他打垮，开始他不肯接受这一残酷而不容改变的事实。他不断做着一些无谓的挣扎，结果带给他的是一个又一个无眠的夜晚。终于在经过一段时间的自我斗争后，他无奈地接受了现实，开始以顽强和乐观的态度适应它。他下肢瘫痪并从此终生与支架或轮椅相伴，他把这飞来的横祸当成上帝早已预定的命运之约。生理的残疾没有使他性格乖戾和愤世，反而在他此后生命的各个时段里，他都以乐观和坚强赢得了那些政敌的肯定。

的确，尘世之间，变数太多。事情一旦发生，就绝非一个人的心境所能改变。伤神无济于事，郁闷无济于事；一门心思朝着目标走，才是最好的选择。相反，如果跌倒了就不敢再爬起来，就不敢继续向前走，或者就决定放弃，那么你将永远止步不前。

挫折是一种珍贵的资源，也是一种人生的财富。古今中外的理论和实践都证明：挫折教育可以增强孩子的适应能力、磨炼意志、形成自我激励机制，而这正是你成长所必不可少的“壮骨剂”。

接受现实你才能重新扬帆起航。朋友，别以为胜利的光芒离你很遥远，当你揭开悲伤的黑幕，你会发现一轮火红的太阳正冲着你微笑。请用一秒钟忘记烦恼，用一分钟想想阳光，用一小时大声歌唱，然后，用微笑去谱写人生最美的乐章。

别让人生成为对一个个结果的追求

现代社会，人们抱怨活着真累。而人为什么活得累？就是因为要的东西太多。情感、物质、名利，不但要拥有，还要拥有最好的。于是乎，追求无止境，好不容易得到了，又这山看着那山高。于是乎，还得追求，还要奋斗。好不好呢？好。人如果没有了追求，岂不成了行尸走肉！但凡事有度，如果让人生成为对一个个结果的追求而忽视了享受的过程，那就本末倒置了。毕竟，不是每个人都能成为比尔·盖茨，也不是每个人都能成为商界精英、政界豪客。所以，要想活得轻松，就得学会放下。放下无止境的追逐，放下永不知足的欲望，那么，你收获的就是一颗平常心，一份

淡然的快乐！

有一家大公司准备用高薪雇用一名小车司机。经过层层筛选和考试之后，只剩下3名技术最优良的竞争者。主考官问他们："悬崖边有块金子，你们开着车去拿，觉得能距离悬崖多近而又不至于掉落呢？"

"二公尺。"第一位说。

"半公尺。"第二位很有把握地说。

"我会尽量远离悬崖，越远越好。"第三位说。

结果第三位竞争者被留了下来。

可见，对于诱惑，你没有必要去和它较劲，而应离得越远越好。

在物质财富极大丰富、文化多元的现代社会，人们的需求不断地膨胀，人们很容易在目标的盲目追求中逐渐迷失了自我，像一艘失去航向和动力的大船，或远离航道，或停滞不前。事过之后才清醒，却只有追悔莫及，抱憾终生。可悲的是，现实生活中的一些人，总是不安于现状，他们总有无止境的追求，于是，便在这所谓的追逐中失去了原本快乐的自我。

可能很多人都曾经有过这样的经历：

很多年前，你过着贫穷的生活，你买不起这，买不起那，甚至食不果腹。那时，你告诉自己，一定要成为世界上最幸福的人。在疑问中你可能不知不觉为自己今后的幸福设立了目标：

（1）买一套自己的住房和一辆车子；

（2）开一家自己的小公司，有几个甚至几十个人可以听从自己的指挥；

（3）娶一个贤惠美丽的妻子，再为自己生一个可爱的孩子；

（4）存款达到未来十年衣食无忧的状况。

可能这四种幸福的向往，在后期的工作和生活中都一一实现了，可你真的感到幸福了吗？你是不是觉得自己，依然每日在不知所措的情况下活着，是不是觉得自己的目标还没有实现？那些短暂的喜悦过后，你是不是依然觉得自己所有的努力和奋斗并不能真的让你感受到快乐？

对此，你思考过没有，如果你没有那么多的追求，懂得享受当下的幸福，那么，又会是什么样的心情呢？

哲人说过，生活中缺少的不是美，而是发现美的目光。其实同样，生活中缺少的不是幸福，而是人们不懂得放下的心态。只有放下无止境的追求，保持一颗平常心，学会享受阳光雨露，训练自己对幸福的敏感才能感受到快乐和幸福。

人们常说："欲望无止境"。的确，尤其的对物质欲望、富贵荣耀、名利的追求，更是无穷无尽，而这，很可能会让我们迷失自己。而保持一颗平常心，拿捏好尺寸，才能得之淡然、失之坦然，才能合理地节制自己的欲望！

保持一颗平常心，是人生的一种智慧。有一颗平常的心，才能正视现实，甘于平庸，才能收获一份最本真的快乐！

当然，我们要摒除对目标的无止境追求，并不是说我们应该摒弃梦想、甘当平庸之人，而是要让我们在追求目标的过程中懂得珍惜当下、体味幸福。那么，我们如何做到在追求目标的同时不迷失自己呢？

第一，树立正确的人生态度。

人生态度，是贯穿于人的一生的，它具体表现在人们对于人生所遇到的每个问题上的态度，这种态度决定了人们的行为。当然，人们的人生态度各有不同，在人生的每个阶段上的态度也有所不同。但正是因为人生的态度的不同，从而引发了不同的人生结果。

一个人只有拥有正确的人生态度，才能正确处理好人生道路上的种种问题，才能获得成功的、圆满的一生，否则，他不仅会在每个具体问题上遭遇失败，而且他的一生也不会有一个好的结局。

第二，坚信自己的梦想。

据说，有一次，爱因斯坦上物理实验课时，不慎弄伤了右手。教授看到后叹了口气说："唉，你为什么非要学物理呢？为什么不去学医学、法律或语言呢？"爱因斯坦回答说："我觉得自己对物理学有一种特别的爱好和才能。"

这句话在当时听上去似乎有点自负，但却真实地说明了爱因斯坦对自己有充分的认识和把握。

孔子曾说过一句很有名的话："富与贵，是人之所欲也，不以其道得之，不处也。贫与贱，是人之所恶也，不以其道去之，不去也。"意思

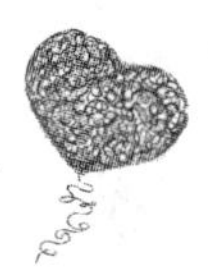

是：富贵是每个人都想要的，但如果不是用光明的手段得到的，就不要它。贫贱是每个人所厌恶的，但如果不是以正大光明的手段摆脱的，就不摆脱它。也就是说，我们每个人都有追求成功和幸福的权利，但不能让自己的人生时刻充斥着对各个目标的追求，否则，我们只会失去最简单的快乐。

人生最大的敌人是自己

“人生十四最”中有这样一句话：人生最大的敌人是自己。的确，人要想超越他人，要想成功，就必须先超越自己，战胜自己的意识和外界一切压力。而当人们面对挫折和困难时，却往往容易被这些意识、压力打败，从而功亏一篑，败给自己。的确，金无足赤，人无完人，人最大的敌人是自己。只有能够战胜自我的人，才是真正的强者。

“要战胜别人，首先须战胜自己。”这是智者的座右铭。人生路上，我们会遇到一些挫折，但我们的敌人不是挫折，不是失败，而是我们自己，是内心的恐惧。如果你认为你会失败，那你就已经失败了。说自己不行的人，爱给自己说丧气话，遇到困难和挫折，他们总是为自己寻找退却的借口，殊不知，这些话正是自己打败自己的最强有力的武器。一个人，只有把潜藏在身上的自信挖掘出来，时刻保持着强烈的自信心，困难才会被我们打败。成功者之所以成功，是因为他与别人共处逆境时，别人失去了信心，而他却下决心实现自己的目标。

美国著名将领艾森豪威尔将军是这样诠释的：“软弱就会一事无成，我们必须拥有强大的实力。”不正面迎向恐惧，面对挑战，你就得一生一世躲着它。

人们恐惧的表现之一通常是躲避，而试图逃避只会使得这种恐惧加倍。任何人只要去做他所恐惧的事，并持续地做下去，直到有获得成功的纪录做后盾，他便能克服恐惧。既然困难不能凭空消失，那就勇敢去克服吧！

你需要记住的是，因为在困难面前，逃避无济于事，只有正面迎击，困难才会解决。而那时候，你会发现，那些所谓的困难与麻烦只不过是恐惧心理在作怪。每个人的勇气都不是天生的，没有谁是一生下来就是充满自信的，只有勇于尝试，才能锻炼出勇气。

曾经有一个叫卡兰德的军官。有一次，他在纽约的一个漂亮饭店里，看着善泳的朋友们在阳光下嬉戏，忽然有一种不舒服的感觉涌上心头。卡兰德告诉他们，自己怕晒黑，所以不想下水。朋友们笑着怂恿他："不要因为怕水，你就永远不去游泳……"

阳光照在他们水滑滑、光亮亮的肌肤上，他们像海豚一样嬉戏着，而卡兰德其实 并不想躲在没有阳光的阴影里看着他们的快乐而已。他觉得自己是个懦夫。

一个月后，朋友邀卡兰德到一个温泉度假中心，他鼓足勇气下水了。卡兰德发现自己并没想象中那么无能，但他的确不敢游到水深的地方。

"试试看，"朋友和蔼地对他说，"让自己没顶，看会不会沉下去！"

于是，卡兰德试了一下。朋友说得没错，在我们意识清明的状态下，想要沉下去、摸到池底还 真的不可能。真是奇妙的体验！

"看，你根本淹不死。沉不下去，为什么要害怕呢？"

卡兰德上了一课，若有所悟。从那天起，他不再怕水，虽然目前不算是游泳健将，但游 个四五百米是不成问题的。

生活中的人们，当你遇到困难时，你也可以克服恐惧。因为现实中的恐怖，远比不上想象中的恐怖那么可怕。当你遇到困难时，理所当然，你会考虑到事情的难度所在，如此，你便会产生恐惧，会将原本的困难放大。但实际上，假如你能减少思考困难的时间，并着手解决手头上的困难，你会发现，事情远比你想象中简单得多。那些成功的人士，都是靠勇敢面对多数人所畏惧的事物，才能出人头地的。美国著名拳击教练达马托曾经说过："英雄和懦夫同样会感到畏惧，只是英雄对畏惧的反应不同而已。"

要摆脱恐惧心理，你可以从以下两个方面着手：

1. 告诉自己"我能行"

生活中，许多孩子常常说"我不行"。而之所以他们会有这样的意

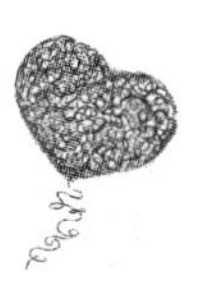

识，是因为两个方面的原因：一是自我意识，二是外来意识。关于第二点，其实和很多父母的教育有关系，有些家长自己就总觉得自己的儿子不行。一位男孩说："我想学游泳，我妈妈说，你不行，你从小体弱，下水会淹着的！我想学炒菜，我妈妈又说，你不行，会烫着手的！我想学骑车，我妈妈说，你不行，会摔着的……不行，不行，我什么时候才能行?"要摆脱这种种恐惧，作为孩子的你，必须在内心反复暗示自己："我能行。"

2. 多做一些没有做过的事

做曾经不敢做的事，本身就是克服恐惧的过程。如果你退缩、不敢尝试，那么，下次你还是不敢，你永远都做不成。只要你下定决心、勇于尝试，那么，这就证明你已经进步了。在不远的将来，即使你会遇到很多困难，但你的勇气一定会帮你获得成功。

总之，物竞天择，适者生存。当今社会更是一个处处充满竞争的社会，一个有作为的人必定是真敢想敢做的人，而你首先要做的就是消除内心的恐惧，毫无畏惧，自然战无不胜！

释放你的负面情绪

美国金融公司经理伍德亨先生能够取得辉煌的成就，得益于他年轻时养成的一种调整情绪的习惯。那时，他还是一个公司里的小职员，受到同事们的轻视。

一次，他忍无可忍，决定离开这个公司。临行前，他用红墨水把公司里每一个人的缺点都写在纸上，将他们骂得体无完肤。骂完后，他的怒气逐渐消去，决定继续留在公司。从那次以后，每当心中愤怒的时候，他总是把满腹牢骚都用红墨水写在纸上，立刻感觉轻松不少，好像一个被放了气的皮球一样。这些纸条一直被他隐藏起来，从不拿给别人看。后来，同事们知道他的这种宣泄怒气的方法后，都觉得他极有涵养。上司知道后，也对他青睐有加。

坏情绪是影响人际关系的“无形杀手”，然而，我们却无一例外地也受七情六欲的影响和支配，都会被各种情绪所困扰。我们要学会释放，通过其他行为，我们能转移自己的注意力，而逐渐淡化情绪。

情绪，是一把双刃剑。当情绪被我们牢牢地掌握时，情绪就成为我们驯服的奴隶，我们便随时可以让坏情绪远离我们；无论顺境逆境成功失败得意失意，我们始终能保持冷静的头脑从容面对，泰然处之眼前的事，体现修养和品质。但当情绪占据了我们的生命而挥之不去时，我们便沦为了情绪的奴隶。此时，坏的情绪可能使我们变得盲目、冲动、急躁、易怒，生活的常规将会被改变，人生的帆船在飘摇，于是失落、伤感、沮丧、绝望接踵而至，甚至歇斯底里，我们最终被情绪逼近了死胡同。其实，谁都有坏情绪，面对坏情绪，只要我们及时调节，就能及时消除它。

人类最大的敌人永远是自己。坏情绪就像那弹簧，假如你的勇气一次又一次地后退，坏情绪就会一次又一次地前进，直到最后占据你心灵的高地，全盘操纵你的一切，你的正义、勇敢、上进、积极、坚毅的品格全都会遭受最无情的蹂躏和践踏，直至这一切消失殆尽；于是，最终走向失败，走向毁灭。

每个人都会对身边的事情产生一些负面情绪，但自控能力强的人善于以正确的方式排解心中的不快，而不是将情绪传染给身边的人，让他们成为我们情绪发泄的对象。面对情绪，我们可以通过开阔视野的方法，把情绪放走。

那么，我们该如何修炼自己平和的心性，避免情绪化呢？发泄自己的不良情绪，有很多种方法：

第一，倾诉法。当你心情不好时，可以找自己最信任的朋友倾诉，但你最好找那些比较冷静、理智的朋友，因为他们能给你提出一些疏导情绪的意见。

第二，摔打安全的器物。如枕头、皮球、沙包等，狠狠地摔打，你会发现当你精疲力竭时，内心是多么畅快。

第三，高歌法。唱歌尤其是高歌除了愉悦身心外，它还是宣泄紧张和排解不良情绪的有效手段。

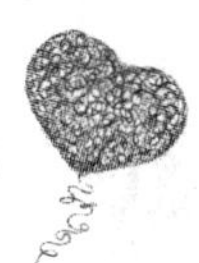

第四，环境调节法。心情不好或感到压力大、郁闷不乐时，你可以走出办公室，走出家，去大自然中呼吸新鲜的空气，我们的心绪往往就能很快得到舒缓。如果有条件，还可以进行短期旅游，从而彻底放松自我。

第五，注意力转移法。当出现不良情绪时，可以将注意力放到其他事情上去，做自己喜欢做的事，比如，打球、上网、跑步等，从而将心中的苦闷、烦恼、愤怒、忧愁、焦虑等不良情绪通过这些有情趣的活动得到宣泄。

可见，一个成熟的人应该有很强的情绪控制能力。无论遇到什么事情，哪怕是违背自己本意的事情，都得控制自己的情绪，不能有过激的言行。唯有如此，才能成就大事，从而达到自己的目标。

坏情绪是影响人际关系的“无形杀手”，所以，我们不但要控制坏情绪，还要学会转移情绪。当我们被坏情绪所困扰，又不能对他人发泄的时候，不妨尝试自我调节和放松。心理学家认为：“在发生情绪反应时，大脑中有一个较强的兴奋灶，此时，如果另外建立一个或几个新的兴奋灶，便可抵消或冲淡原来的优势中心。”我们因为某件不顺心的事情烦躁、暴怒的时候，可以有意识地做点别的事情来分散注意力，以缓解情绪。

人气我不气，我气伤身体

生气是人们日常生活中最常见的负面情绪之一。由于大多数女人心思细腻，容易把事情看得太细、太认真，一旦有些事情违背了自己的准则或信念时，就会陷入到生气这种不良情绪中。现代都市中的女性大多具有良好的教育背景和独立的思想，她们都有自己的信念系统和价值系统，她们会划分怎么样才是对的，别人应该怎么样才是对的，我应该怎么样才是对的等，一旦别人或自己的一些行为违背了这些标准，她们就会不高兴和生气。

一般而言女人并不能达到寺院高僧那种超然于世、不喜不悲的境界，生气在所难免，不过生气确实能给女人带来不好的影响。只有意识到这种危害，才能让女人理智地控制这种不良情绪的蔓延。

英国历史上有一位有名的剑手叫欧玛尔，他在练习剑术的同时也在一直在修炼自己的心态，让自己不带一点儿怒气作战，所以一直保持长胜不败。

他曾与一个与他势均力敌的对手比武，但三十年一直未分高下。一次决斗中，对手忽然露出一个致命的破绽，欧玛尔趁势持剑跳到他身上，一秒钟就可以将敌手杀死。但是敌手突然朝他脸上吐了一口唾沫。欧玛尔顿时停手了，说：“你起来吧，我们明天再打。”那个敌手死里逃生，却也怔住了，不明白欧玛尔为什么要这样做。

欧玛尔说：“刚才你朝吐我唾沫的瞬间我的动了怒气，这时杀死你，我就再也找不到胜利的感觉了。所以我希望调整心态之后我们明天重新开始。”他的敌手听了欧玛尔的一番话顿时肃然起敬，同时为自己的行为感到羞愧，因此放弃了和欧玛尔的较量并拜他为师。最后他的剑术也修炼得出神入化，纯正平和的心态使他成了一名一流的剑手。

这个故事能给女人们这样的启示，当一个人怒气冲天的时候，暴躁的发泄或疯狂就会使他丧失理智，从而抑制住他的智慧与能力，事情的结果必将向不利于他的方向发展。只有以纯正祥和的心态做事时，才能使自己的智慧充分发挥，达到最佳的效果。由此可见，气急败坏只不过是无能的表现，女人如果能通过修炼彻底消除心中的怒气，那才是真正的了不起！

生气不仅让人失去冷静、无法理智思考，还会影响到女人的健康与容貌。经常生气、发火、多怒的人，大多表情阴沉，颜面灰暗无光泽。因为总爱生气，会使女人的面部皮肤紧缩，容易出皱纹，未老先衰。生气易致怒，面部皮肤在连续不断的“怒火刺激”下会色泽变暗，失去弹性而加速松弛，出现皱纹，使细胞角化加快而衰老。同时也会使身体内分泌功能失调，生理状态及新陈代谢发生异常，疾病会随之而来。性格不稳定的人，面容大多比实际年龄要老得多。云想衣裳花想容，爱美的女人想留住自己美丽的容颜，保持平和的心态、不轻易动怒无疑也是一条良方。

要想正确处理生气这种情绪，首先应该先找到生气的根源。一般来说，生气有轻易之分，难易之分。一个人是否容易生气，要看他宽容的标准。也就是你胸怀的大小决定你生气事情的大小。动不动就生气的女人，

是因为她的信念系统和价值系统认同的范围太窄，所以别人或她自己的一些行为很容易触犯她的准则，使她不高兴，于是生气。其实别人可能根本就没有做错什么。当然别人做没做错也正是根据她的信念系统来评估的，所以别人的对错也没有客观标准，完全在于接受方的评价。女人之美，有三个层次，一是美丽、二是魅力、三是心境。女人的成熟，更多显现在宽容豁达、神闲气定的心境中。

另外，不容易生气的女人除了拥有比较宽容的信念系统以外，她还有一条直接避免生气的信念，那就是同理心，即将心比心。虽然她不赞同别人的意见或行为，但她能理解。如果能做到这一点，生气的次数大概要减少80%。还有一条最厉害的信念，可以将生气压到最低限度，那就是当别人的行为你不能赞同，也不能表示理解，可以说你认定他完全错误时，这时候你要告诫自己：生气就是拿别人的错误来惩罚自己。有了这一条，你想生气都难了。

一对小姐妹乍看起来与其他人并无不同。不过姐姐看起来虽然文文静静，脾气却异常火爆。比如一起买东西时，姐姐经常教育妹妹，“你是笨蛋吗？这块肉看色泽就已经不新鲜了”；或者“你是白痴呀，这个牌子的薯片明明在打特价，还要拿那个”；更狠的还有“你这只猪，金额超过了，你不会算吗！”而挨骂的妹妹居然一声不吭，任由姐姐骂去，依然气定神闲地挑选商品，丝毫不受影响。

有一天妹妹一个来到店里，店员按捺不住自己的好奇心，便和妹妹聊起天来。

“今天怎么一个人来？”店员问。

“姐姐去参加合唱团了。”妹妹一边挑商品一边回答。

“我觉得你姐姐好凶啊！”店员试探性地表示。

“还好啦，她就是这样的脾气！不理她就是了。”妹妹在卖场逛着，神情相当愉快。

“可是她每天骂你，你不生气吗？”店员好奇地问。

“爱生气的人是她又不是我，而且被骂一下又不会痛。”妹妹微笑着对店员说。

我们只能用小女孩大智慧来形容这个可爱的妹妹了。小小年纪就有如此平和豁达的心态。所以还是那句行话：生气是一种态度，是一种选择，全在gf 你愿不愿意，不关别人的事。千万别说是谁惹了你，是谁令你生气，生气完全是你自己要的，自己选的。

既然不能改变，不如学会接受

有人说，生活是甜蜜的，一路上充满了欢声笑语；也有人说，生活是苦涩的，一生中经历了数不清的艰辛和无奈；还有人说，生活是酸楚的，一辈子总会遇到躲也躲藏不过的叹息。是的，生活本来就是这样，酸、甜、苦、辣、咸，一切滋味尽在其中，就看你如何去品尝，去经历了。

作为女人，也会经受各种各样生活的考验，在很多时候，苦涩酸楚会降临在女人的生活中。此时应该明白，既然无法改变生活，那就接受它，直面生活带给你的挑战！

所谓生活，可以理解为生命的活法。面对生活中的问题，女人不要逃避，要去接受它，这样即使在寒冷的冬天也能感觉到生活的温暖，在漆黑的午夜也能看到光明。不妨用一种乐观的态度去面对生命，用微笑来面对一切。

曾经有这样一个故事：

有一个女孩在森林中漫游的时候， 突然遇见了一只饥饿的老虎，老虎大吼一声就扑了上来，她立刻用生平最大的力气和最快的速度逃开，但是老虎紧追不舍，她一直跑一直跑一直跑，最后被老虎逼入了断崖边上。站在悬崖边上，她想：与其被老虎捉到，活活被咬、肢解，还不如跳入悬崖，说不定还有一线生机。于是她纵身跳入了悬崖。非常幸运的是，她卡在了一棵树上，那是长在断崖边的梅树，树上结满了梅子。

正在庆幸的时候，她听到断崖深处传来巨大的吼声，往崖底望去，原来有一只凶猛的狮子正抬头看着她，狮子的声音使她心颤，但转念一想：

狮子与老虎是相同的猛兽，被什么吃掉，都是一样的。当她一放下心，又听见了一阵声音，仔细一看，一黑一白的两只老鼠，正用力地咬着梅树的树干。她先是一阵惊慌，立刻又放心了，她想：被老鼠咬断树干跌死，总比被狮子咬好。情绪平复下来后，她感到肚子有点饿， 看到梅子长得正好，就采了一些吃起来， 她觉得一辈子从没吃过那么好吃的梅子。她找到一个三角形树丫休息，想着：既然迟早都要死，不如在死前好好睡上一觉吧！于是她在树上沉沉地睡去了。

睡醒之后，她发现黑白老鼠不见了，老虎、狮子也不见了。她顺着树枝，小心翼翼地攀上悬崖，终于脱离了险境。原来就在她睡着的时候，饥饿的老虎按耐不住，终于大吼一声，跳下悬崖；黑白老鼠听到老虎的吼声，惊慌地逃走了；跳下悬崖的老虎与崖下的狮子展开了激烈的打斗，双双负伤逃走了。

其实，自女人诞生那一刻开始，生活中的苦难和困境就像饥饿的老虎，一直追赶着她们；它也像一头凶猛的狮子，一直在悬崖的尽头等待；生活和生命中的很多苦难完全无法逃避，也无法摆脱，比如死亡，那么我们就要去接受它，就要“安然地享受树上甜美的果子，然后安心地睡觉，好好地享受你在世上的每一分每一秒。”

女人不要抱怨生活给予我们太多不能改变的磨难，不必抱怨生命中太多的挫折。大海如果没有巨浪的翻滚，就失去雄浑；人生如果是一帆风顺，生命也就失去魅力。女人要善待自己，面对这些，既然你不能改变，就尝试着接受吧！积极的心态会让你把烦恼抛到九霄云外，你才会真正快乐！

人终有一死，死神也没什么可怕，只是对有些人而言将生命的终结提前了一点。曾红就有这样豁达的生死观。

“得到社会、家人、乡亲的照顾这么多年，我一定要坚强，即使真正的死亡来临我也没什么可怕的，我要乐观面对生活！” 51岁的曾红，这个被病魔折磨了36年的女人，坦然面对自己的病情，笑看人生。

曾红住在一个偏远山村，家中有5个兄弟姐妹，她排行老二。不幸从她小时侯开始就一直“眷顾”着她，在15岁那年便动了一次切胆手术，一直是大病小病不断，使她逐渐丧失了劳动能力。现在她患有内风湿入骨，骨质增生，肝、胆、肾结石，在前几年因无钱医治而转化成肝硬化，后又因颈椎压迫血管导致身体左半边失去知觉，而如今她又被查出是晚期肝癌，用她自己的话说就是“已经死过千百回了”，如今的她每天要吃7种药来维持生命。曾红的家庭非常特殊，丈夫患有间歇性精神病，女儿是先天残疾，儿子患有口吃。她住的房子还是1980年盖的两间土砖房，后得到弟弟的改修一直住到现在。风雨飘摇的房子经过一段年岁后已是“千疮百孔”，碰到雨雪天，在厨房做饭还要戴斗笠，随时面临着坍塌的危险。然而，身体和家庭的双重痛苦并没有打消曾红好好活下去的念头，她没事会跟丈夫、邻居开开玩笑，永远都以一张笑脸面对他人。她经常告诉别人：弟弟当时修房子是自带粮食和工具，弟媳也隔三岔五带吃的来看她；远在埃及打工的外甥每年都会邮寄5000元左右的药品回国；家里的田是邻里乡亲帮着打点；打针用的药是从药店赊的；乡村干部经常上门鼓励她……

面对这么多人的帮助，她说她没有理由消极对待生活，她要接受事实，她要好好地生活，即使死神真的来了，她也没有什么可怕的。

古语说：“人生在世天天，岁月如梭年年。”人活在世间，总有一天会面对死亡，但是要正视死亡而不能逃避，因为人总有死的那一天。在面临生死的问题上，曾红是那么的潇洒，她知道自己可能无法战胜病魔，可是她并没有逃避自己的病，而是坚持治疗，以乐观的心态生活着……

既然不能改变生活和命运带来的苦难，女人就要用一颗坦然的心去面对；逃避不能解决问题，自欺欺人也不能改变事实，接受能让你在苦难面前更加坦然，不安的情绪也会随之消失在你的生活里……

第9章　宽待他人：舍得让你爱的人受苦

几乎每一人都期望一帆风顺，尤其是在与周围的人打交道中，人们都希望朋友间彼此忠诚，爱人间亲密无间。但事实上这是不可能的。人生，本身就是一场旅途，这场旅途中，我们常常会遭到来自他人的伤害，但无论如何，你都必须承受。比如，被友人无情背叛，甚或污蔑诽谤，你得承受非议的磨难；真情付出却不能“抱得佳人归”，你得承受失意的磨难……每当这时，你也许会无比惶惑，你也许会绝望，想到过破罐子破摔、得过且过……但请你记住，我们无法选择他人对待我们的态度，但我们可以选择如何对待他人；我们都要宽待他人，宽待自己的朋友，宽待自己的亲人，这样，你会发现，那些伤害和磨难对自己来说就成了一种历练，会促使你成长和成熟。

立于危崖，才能学会飞翔

我们都知道，在人生道路上，困难和挫折是难免的，尤其是希望有一番成就的人们，更要有心理准备。人生会起起伏伏，我们无法预料，但是有一点我们一定要牢牢记住：立于危崖，才能学会飞翔。当你遇到逆境时，千万不要忧郁沮丧，无论发生什么事情，无论你有多么痛苦，都不要整天沉溺于其中无法自拔，不要让痛苦占据你的心灵。困难来临时，我们要有勇气直面困难并且做到一直向好的方向行进，这才是一种努力达到和谐的状态，只有这样，你最终才将战胜困难。

人们常说“置之死地而后生”。为什么生命在“死地”却能“后生”？就是因为“死地”给了人巨大的压力，并由此转化成了动力。没有这种“死地”的压力，又哪有“后生”的动力？这一点，也向我们证明了困境的激励作用。

实际上，上天对我们每个人都是公平的，为什么有些人能攫取成功的果实，有些人却只能甘于平庸？其中一个很大的原因就在于他们是否有走出困境的毅力。命运在为我们创造机会的同时，也为我们制造了不少“危崖”。如果你在“危崖”面前倒下了，那么你也就失去了成功的机会；如果你经过挫折、失败的锤炼后变得更加坚强，那么你就是真正的强者。不甘于平庸，不想成为失败者，那你就要有勇气面对困境和压力，而不是懈怠和逃避。

有一个穷人为农场主做事。一次，穷人在擦桌子时不小心碰碎了农场主一只十分珍贵的花瓶。

农场主要穷人索赔，穷人哪里能赔得起。最后被逼无奈，只好去教堂向神父讨主意。神父说：“听说有一种能将破碎的花瓶粘起来的技术，你不如去学这种技术，只要将农场主的花瓶粘得完好如初，不就可以了。”

穷人听了直摇头，说：“哪里会有这样神奇的技术？将一个破花瓶粘得完好如初，这是不可能的。”神父说：“这样吧，教堂后面有个石壁，上帝就待在那里，只要你对着石壁大声说话，上帝就会答应你的。”

于是，穷人来到石壁前，对石壁说：“上帝请您帮助我，只要您帮助我，我相信我能将花瓶粘好。”话音刚落，上帝就回答了他：“能将花瓶粘好，能将花瓶粘好……”

穷人听后希望倍增、感到信心百倍，于是辞别神父，去学粘花瓶的技术了。

一年以后，这个穷人通过认真地学习和不懈地努力，终于掌握了将破花瓶粘得天衣无缝的本领。他真的将那只破花瓶粘得像没破碎时一般，还

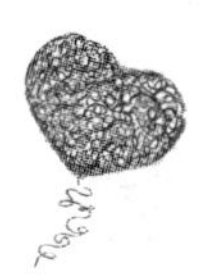

给了农场主。于是他要感谢上帝。神父将他领到了那座石壁前，笑着说：“你不用感谢上帝，你要感谢就感谢你自己。其实这里根本就没有上帝，这块石壁只不过是块回音壁，你所听到的上帝的声音，其实就是你自己的声音。你就是你自己的上帝。”

和故事中的这个穷人一样，身处困境时，你要记住，没有人能解救你，除了自己拯救自己。其实每个人都有拯救自己的能力，许多人走不出人生或大或小的各种阴影，是因为他们没有耐心找准一个方向坚持走下去，直到眼前出现新的洞天。生活中的人们，虽然我们经常会遇到挑战和压力，它会让你身心疲惫，但这些压力也会让人的意志变得更加坚强，性格更加成熟，能力更加提高，从而最终获得成功。因此，从现在起，正视压力，只有将压力变为动力，才能在时间的无涯荒野里种下自己的理想之树，随着生命的律动，春华秋实。

同时，哲人告诉我们，只要信念还在，希望就在。许多人一陷入困境，就悲观失望，并给自己施加很重的压力。其实，应告诉自己，困境是另一种希望的开始，它往往预示着明天的好运气。因此，你只要放松自己，告诉自己希望是无所不在的，再大的困难也会变得渺小。可以说，这也是一种“和谐”的心态，如果你认为前方路途是好的，那么，你就能朝着这一好的方向行进，并最终看到曙光。

魏尔仑说：“希望犹如日光，两者皆以光明取胜。前者是荒芜之心的神圣美梦，后者使泥水浮现耀眼的金光。”希望给人以坚定的信念，心中没有希望就不会耐心地等待；而且最美好的希望往往产生于最无望的逆境中。

人一生不可能常处顺境，有时候你会被淘汰出局，但只要你继续参加比赛，就有希望存在，总会获得让你满意的成绩。天才未必就能富有，最聪明的人也不一定幸福。想要摆脱人生的困境，你要记住让希望的阳光照进心田，要努力拯救自己摆脱困境。

当然，信念只是起到支持行动的作用，要走出困境，关键还在于我们自己。古语云：“自助者，天助之。”把别人的帮助当做希望，往往只是一种被动的奢求，外界的帮助使人更加脆弱，自助却使人得到恒久的鼓励。

总之，身处困境中，我们每个人都会心存不快，甚至抱怨命运的不

公，但不正是因为这些折磨和困难才使我们成长得更为历练吗？因为人们驾驭生活的能力，是从困境生活中磨砺出来的。和世间任何事件一样，苦难也具有两重性。一方面它是障碍，要排除它必须花费更多的力量和时间；另一方面它又是一种肥料，在战胜它的过程中能够使人更好地锻炼提高。

没有痛苦的体悟，欢乐何曾珍贵

生活中的每一个人，都希望自己事业顺利、爱情顺利，能与自己的爱人长相厮守，这是人们的美好愿望。但实际上，我们不难发现，不少人在婚姻生活中遇到了情感危机，此时，该如何是好呢？是一拍两散，还是主动示好？再或者是好言相劝？此时，我们应该做的是冷静下来，理性处理，宽容对方，让对方重新感受恋爱与婚姻中的甜蜜，从而让婚姻绝处逢生。你应该明白的是，没有痛苦的体悟，又怎会有欢乐的珍贵呢？宽待你的爱人，宽待你的感情，你才有可能拯救已经出现裂痕的爱情。

一名男子在经历了几年的事业打拼后，事业有成，但对自己的婚姻却产生了厌倦的情绪，而对妻子的闺蜜产生了好感。在几经思索后，他决定邀请妻子的闺蜜，而对方也答应了她。

出门的时候，他向妻子撒了个谎，说晚上有应酬，晚点回来，妻子也没说什么。

男子如约而至，妻子的闺蜜已经等候已久。于是，男子开始与其交谈，席间，自然免不了谈论他们共同熟识的人——妻子。男子他抱怨妻子如何如何地让他感到厌倦，说妻子只懂得柴盐油米，不懂得浪漫。当他试图握住妻子闺蜜的手表白心意的时候，妻子的闺蜜却对他说：对不起，时间到了，我答应了我的朋友。

他惊讶地说：“你朋友是谁？”

妻子女友说：“你的妻子。”

他愕然了，一副垂头丧气的样子。一时间，他居然觉得很惭愧，怎么

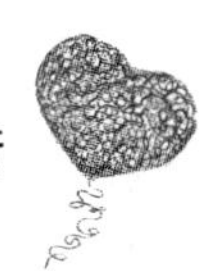

能这样对待勤勤恳恳的妻子呢？

他拖着沉重的脚步推开家门的时候，妻子正在等他。妻子对他说，这不怨你，我还有做得不到位的地方。他感到无地自容，只有深深的愧疚和感动。他们俩紧紧拥抱在了一起。

后来的日子，他们彼此之间多了一分信任，一分恩爱。

对待爱人感情的出轨，一百个人有一种处理方法：有的人以报复来求心理平衡，有的人扯着对方的衣领上法院，有的人找“第三者”厮打成一团。但故事中的妻子是一位大度的女人，当朋友告诉她自己的丈夫有出轨的想法时，她并没有气势汹汹地和丈夫吵闹，而是给丈夫一次反思的机会，然后心平气和地承认自己的不足，并表示自己是爱丈夫的。她的智慧与宽容挽救了她的家庭以及幸福。婚姻中出现第三者，其实双方都是有着不可推卸的责任，这是情感专家调查的结果。而此时，宽容就是一副拯救婚姻的良药，不仅能帮助夫妻双方增进感情，更能把婚外情扼杀在萌芽状态。

当今社会里，物欲横流，感情泛滥，情又为何物？婚姻总是被背叛、出轨、一夜情这样的毒素所充斥。一些男人女人经常会用一句最简单的话“对爱人没有了激情”作为出轨的理由，去追寻刺激。可是，激情过后，他们会发现，外面的世界虽然精彩，可是也好无奈和虚伪；平淡才是真，爱人才是你永远的守候。而在此过程中，作为受伤害的一方，如果你向爱人表达愤怒、不满甚至与之展开战争，那么，只会加快对方离开的脚步；而如果你能冷静处理，尊重其选择，那么，他（她）必当会顾及旧情、念及你的明理、善良等，婚姻才会有转机。

当然，婚姻三步曲中，从“相敬如宾”到“相敬如冰”再到“相敬如兵”；从一往情深，到两情遣倦；从相看两不厌，到相看两厌；从“执子之手与之皆老”的美好宿愿到“转过身之后从此陌路”，感情蜕变之神速让人难以承受。当婚姻里的情感陷入危机时，你也可能会慨叹“早知今日不该当初”，就会有“如果当初如何如何，现在就不会怎样怎样”。但处理感情问题，且不可暴躁，必须冷静；冷静才能分析出问题的根源。如果冷静分析之后，还找不到在一起的理由，那就应另外寻找出路了。

现代爱情和婚姻已经越来越宽容，爱不是卖身契，谁都不是卖给对方的，有缘分才能一辈子白头到老，没有缘分大可不必强迫对方跟你“从一而终”。是你的，永远会属于你；不该你的，强迫的婚姻没有任何幸福可言。

其是，我们的一生正是因为磨难才精彩。百无聊赖的人生，如果感受不到成功的喜悦，最终得到的就是冰冷的失落。不曾遭遇失意和痛苦，欢乐和幸福只能是表面的，脆弱的；经历磨难而不能泰然处之，也就永远不会真正地、深沉地实现辉煌的人生。正因为如此，如果你的爱情出现了瑕疵，如果你困于这种“不如意”之中，终日惴惴不安，那生活就会索然无味。与之相反，如果你能抱着宽容的心面对爱人，那么，灿烂的爱情主旋律必定会再为你奏响。

总之，如果你的婚姻亮起红灯，你能够冷静处理，不激化矛盾，不扩大纷争，既是保护自己，也许还会给婚姻一线生机。退一步讲，即使分手也并不是世界末日；面对分手，从心灵上呵护自己，从经济上考虑自己，倒是必要的。因为即使没有了婚姻，但生活还要继续……投入地爱，但不失去自己，的确是现代人面对婚姻所需要的基本智慧。

为你爱的人留一个自由的空间

人与人在相处的最初，总会保持一定的小心翼翼，熟稔开了便会随意许多，但处久了难免会有磕磕碰碰。似乎有个说法叫：因不了解而在一起，因了解而分手。同样，婚姻中，夫妻双方之间也是如此，距离产生美。为爱人留一个自由的空间，其实是信任的表现。可以说，信任是夫妻之间感情存在的基础，一对恋人能够由恋爱进入婚姻的殿堂，主要原因之一就是互相信任，并愿意把下半生的幸福交给对方。无论是男人还是女人，都希望自己的爱人信任自己。猜忌是婚姻的最大杀手，事实上，在很多婚姻中，都存在猜忌这一问题。尤其是一些女人，她们总是表现得很“精明”，她们翻看丈夫的公文包，探询丈夫的行踪，查阅丈夫的手机信息，试图为自己的猜想找到蛛丝马迹，结果往往酿出一场场家庭悲剧。

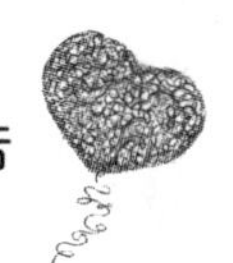

“我们要天天思念，但不要天天相见；只需要悱恻缠绵，绝不要柴米油盐；有共同生活的经验，绝不用共同的房间……”现代社会，一些年轻夫妇已经采用了这一相处模式。的确，两个人结婚，并不意味着要完全做到成为彼此的一部分，更不能和过去的生活完全说“再见”，我们需要认识到距离对于夫妻关系的重要性。对待婚姻理智一点、为夫妻关系留点距离，也有利于反省我们在婚姻中的得失。

实际上，无论是妻子还是丈夫，都要明白，一定要明白，婚姻这个字眼是阳光的，在一个充满了猜忌的环境里，爱就会消失殆尽；而在一个相互尊重、接纳、诚恳的环境里，爱才会茁壮成长。如果我们都能做到信任对方，那么，爱情里就多了些安全感，婚姻自然能美满幸福。

有这样一个女人，她和丈夫结婚三年了，结婚的第二个年头里，他们就有了一个可爱的宝宝。可以说，他们的生活一直是幸福美满的，但一次手机事件差点毁了这一切。

那天，女人把儿子送到了公公婆婆那里，然后收拾一下就和自己的几个好朋友出门逛街喝茶去了。终于能忙里偷闲，她感到一种好久未有的轻松。

逛街的过程中，她明显发现闺蜜心情不好，询问过后才知道闺蜜的老公出轨了。闺蜜告诉她：“我一直以为他对我是忠诚的，但那天晚上，我听到他手机响了，他不在客厅，去洗澡了，我就接了一下，没想到是一个发嗲的女人。后来，我质问他，他承认了。我到底做错了什么？这么多年，我舍不得吃舍不得穿，就是为了给他节省点，好让他存钱创业，我辛辛苦苦上班，还要带孩子。结果却换来……现在的男人怎么都这样？”闺蜜的话让女人心里一惊，我们是极好的朋友，我们的家庭模式也很相同，而她自己对于丈夫，也是信任有加的，难道他也会……

抱着这样的想法，女人也想对丈夫一探究竟。这天，趁着丈夫带着儿子到楼下散步的工夫，她从丈夫的外衣口袋中拿出手机，一条条地翻看他的短信。此时，她的心理是微妙的，她想寻觅到什么，却又不想发现什么。但最终，除了几条节日快乐类和服务类的信息，她并未发现什么。查看完短信，她又开始翻看通讯记录。她不明白的是，为什么丈夫通讯记录上的号码都没有姓名显示，为什么都是陌生号码呢？正当她思索之际，丈夫居然推开门进来了。

“你在干什么？”丈夫的话才让她回过神来。

“我……我……”她顿时愣住了，因为的确是她做得不对。

“我一直以为，你和那些整天疑神疑鬼的女人不一样，你让我没有后顾之忧。但现在看来，是我错了，既然你不信任我，为什么要嫁给我？”

是啊，既然嫁给他，为什么又不信任他呢？女人扪心自问。

“对不起，真的对不起，以后我不会这样了，我保证。”

听到妻子这么说，丈夫一把搂住妻子。女人分明看到，这么多年从没流过泪的老公眼里滴出两滴热泪，他伤感地说：“相信我，我要给你和孩子幸福。”

外面已经下起了雨，但这个小小的家中却充满了暖意。

看到这一幕，我们也不禁为这对幸福的夫妻感到高兴。但生活中，有几个男人能和故事中的丈夫一样大度，能原谅妻子对自己的质疑和不信任呢？面对妻子对自己手机的侦查，大部分男人估计会怒火中烧，一场争吵在所难免，甚至会引发婚姻危机。

婚姻生活中，我们与爱人的关系应该是独立的，对丈夫无时无刻的管制只会对婚姻起到反作用。你需要做的是放手，给对方留出自己的空间。

那么，在婚姻中，我们该怎样做到信任对方呢？

1. 少猜心思

对于爱人的任何一种行为，你都不要过多地猜想；因为很有可能你猜错了，这会造成不必要的冲突。

我们在婚姻疗程中常常发现假设、错觉、幻想到头来是错的或者只有局部正确。很多时候，只是因为我们缺乏安全感而已。

2. 少做解读

你要明白，无论是男是女，在婚姻中，都希望自己还保有一定的空间。你需要做到：明了自己的怨恨之情，并小心不要通过分析伴侣的行为而偷偷地表达这种不满；敞开心怀并且满怀爱意地聆听。

3. 少点在意

你爱人的行踪，你没必要时时过问；他在撒谎，你大可以听他胡吹乱

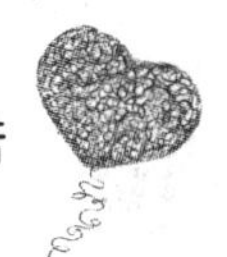

侃，也没必要非要揭穿；他暴露了某个错误，你也不需要揭穿他。

总之，经营婚姻、对待爱人，我们一定要秉持信任的原则，千万别因自己的小聪明而把自己推向痛苦的深渊。正如人们所说的，还是做个快乐的傻子吧。如果像机敏的侦察员一样活着，会使你苍老，憔悴，会打破原本平静的生活，失去本该属于你的幸福。

爱到极致，学会放手吧

爱情应该是世间最为美妙的东西，因此才会令那么多的人不断的追求与向往；爱情也应该是人世间最美好的一种情感，所以才会让人品味到一种难以言状的幸福；爱情应该有超强的磁力，所以人们不惜耗尽一生的精力去追求这种至纯至美的爱情。

然而，生活中，有许多对于爱情太过执着的人。爱是一种那么模糊的东西，你说不明白它到底是什么。它或许是你早晨睁开眼睛的一个微笑，或许是你杯子的热腾腾的绿茶，或许是恋人的一个脉脉的眼神，或许是爱人在你肩头的一个细微的抚摸，或许是深夜孤独时的美丽灯光，或许是你寂寞时节里的一个短信的祝福……你不能说明白到底是什么，但是它却在你的身边环绕着。爱有很多种，有的你可以直接感觉到，比如对爱人的牵挂，对孩子的亲昵，对老人的惦念，对朋友的祝福。但是这个世界上还有一种爱，你捉不到，看不见，它只能在你内心的深处，悄然的静静的，在你的内心里泛着波澜。那种爱，你不可以把它拿出来，在阳光下曝光，不可以把它当成你生命旅程中的伴侣，因为这种爱，叫做放手。

你对佛说："为什么属于我的爱我得不到，为什么让我那么悲伤，为什么执着的我那么受伤害。"佛说："有一些东西本不该属于你的，有一些东西只要你曾经拥有过，就应该叫做幸福。因为有一种爱叫做放手。"

曾经有一个男人，英俊潇洒，他按部就班地生活着，他原本的生活本很平静，很幸福。在他的内心世界里，只有家的温馨。年少时的梦已经在他的心里消失了，他很现实，很现实地过着和所有的普通人一样的生活。

有一天，他遇到了她，在网络中遇到了她。一个很安静的她。那个她曾经是他年少时候的梦。于是他们相爱了。爱得很悄然，爱得很真诚，爱得很糊涂，爱得很无奈。就这样悄悄地过了几年，他们因为爱着对方，经常感觉到莫名的痛苦。原来爱也是痛苦的。他们曾经想到过牵手，但是不能，因为他们都各自有家。他们想到过分手，但是不能，因为他们都曾经是年少的那美丽的梦。他们痛苦，他们悲哀。他们感觉到了命运的捉弄。因为这样的爱，他们不可以拥有。有时候他们感觉到幸福，因为他们彼此都爱着对方。他们觉得拥有爱，拥有一份真诚的爱恋，很满足；有时候他们感觉到绝望，因为他们不可以在一起，虽然相爱，但是却咫尺天涯。原来爱是这样的一种无奈。终于有一天，他们都感觉到了这一点，于是，他们在莫名中，慢慢地让自己消失，消失在对方的视线里。也许他们都顿悟到了一点：原来有一种爱叫做放手。无奈中，悲凉中，痛苦中，寂寞中，绝望中，他们分手了。不是因为不爱，而是因为深爱着。

的确，能够放手的爱也是美丽的。不能拥有的爱，就放手吧，不能得到的爱，就让爱放手吧。只要你曾经拥有，曾经幸福过，你的人生就是幸福的。

然而，一个人失恋不可怕，可怕的是失去自己，没有勇气重新开始。一个为爱而自怜伤叹，每晚伤心抽泣的人，到头只能赢得他人的耻笑，而不是同情！

任何人，只有结束不适合自己的恋情，才是一种解脱，才能给自己机会，重新去寻找新的幸福。

他是一名大学教师，已经三十好几的他，还没有找到对象。家里急了，他自己也急了，于是，在朋友的介绍下，他认识了在某事业单位工作的她。见面之初，他们都对彼此的谈吐很中意。很快，在所有的亲朋好友的祝福下，他们结婚了。

但真当他们成为夫妻后，才发现彼此在很多问题上存在很大的分歧，于是，他们经常吵架，没有哪一天是安静的。最终，刚结婚半年的他们，

就决定离婚。但令周围朋友奇怪的是，离婚后的他们反倒关系好了，彼此间遇到什么麻烦事，对方总是出手相助。他开玩笑地和朋友说："可能是婚姻束缚了我们吧。"

的确，正和故事中的男女主人公一样，当爱情不存在的时候，如果我们还死死抓住不肯放手，那么，只能伤人伤己。而适时放手，则是一种解脱。因此，分手、失恋，都不必太在意，因为昨天即使再美好，也必将成为过去，今生还有很长的路要走，更重要的是过好今天，把握今天。

许多人会在恋爱中迷失了自己，找不到自我，甘心付出很多，结果却是一败涂地。如果说杰克死后，露丝也跟着沉到海底，那么就没有了那感人至深、赚了观众无数泪水的《泰坦尼克号》。爱情的意义不是让一个人为另一个人牺牲，而是两个人共同付出，彼此幸福。你最需要的是从童话中走出来。

我们都是平凡的红尘男女，挣不出爱恨纠缠的情网，逃不出爱与被爱的旋涡。心碎神伤后，是漫无止境的寂寞。寂寞吗？或许吧。但是细细体会寂寞后的洒脱，想想除他以外的快乐，想想再也不用为了猜测他的心思而绞尽脑汁，会不会轻舒一口气，感觉轻松一点？

其实，在我们的生活中，有一些东西是不属于我们的，就如道路两边的行道树，只能远远地相望着，永远不能牵手。其实远远地相望也是美丽的，美丽的欣赏，美丽的相望，美丽的祝福，这就是爱。这种不束缚的爱就叫做放手。

每个人都有属于自己的路

我们生活的周围，有这样一类人，他们勤恳、努力、认真，对周围的亲人、爱人、朋友无微不至地照顾，工作中事必躬亲，总是希望周围的一切都在他们的掌控之中。然而，正因为如此，他们比其他人活得更累。而如果他们能学着放手，自然会轻松很多。事实上，他们没有意识到的一点

是，社会中的每个人，都有属于自己的路，成为什么样的人、走什么样的人生路，决定权都在自己手里。因此，我们不可能掌控他人的人生。因此，无论是工作还是生活中，我们都要学会放开手，不要时时想着掌控他人。

在某国营单位，有这样一位老员工，他是所有的同事和领导羡慕的对象，因为他有一位品貌俱佳的妻子：她在单位里是中层干部、先进工作者，在家里她是贤妻良母，并对丈夫照顾得无微不至；她从不让丈夫洗衣做饭，如果丈夫加班，她就去送饭。丈夫穿的用的，全是她买，丈夫的皮鞋、领带都是她擦、她系，丈夫“爬格子”，她总是左右伺候，端茶倒水。每每论起“内助”如何，大家总是羡慕他这位朋友的“福分”，羡慕他们亲密无间，朝夕相伴。

但这位老员工却总觉得自己的妻子与人家的妻子相比有天壤之别。半年后，他居然与他的贤妻离婚了，据说单位和亲朋好友调解多次，妻子也不解地问他“哪点对不住你”，但他铁了心，坚持离她而去。很多同事曾直截了当地问他是否另有新欢，是不是喜新厌旧，他只是说：“过腻了，这样活着，吊不起胃口。”

生活中，可能很多妻子都和故事中的这位贤妻一样，一样勤勤恳恳地为家庭操劳，对丈夫无微不至地照顾，他们对老王夫妻俩的婚姻结局也会产生质疑：到底哪里出了问题？从她丈夫的话中，我们大致能了解到男人们内心的想法，他们需要的是一位妻子，而不是一位母亲。朝夕相伴，无私奉献，爱情之火也不一定就能持久地燃烧。

其实，每个人都希望能自己做主，即使我们的亲人，他们也希望有自己的生活空间；放开手，你的身心也会得到放松。

除此之外，在工作中，我们也不能凡事都揽在自己身上，而应该学会放权，学会给他人表现的机会，否则，我们在身心俱疲的同时，还有可能成为他人厌恶的对象。

有这样一位陆军中校，叫蓝迪。他来到一个遥远的国家，创办了一家咨询公司。这家公司成长很快，公司的员工也都来自他的家乡，他们工作起来很努力、认真。作为他的员工，他们都很羡慕蓝迪，因为蓝迪每天除

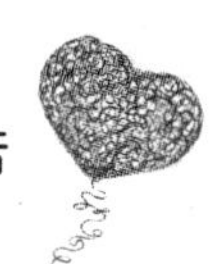

了参加重要客户的会议外，其他事务则都授权给年轻合伙人处理。

蓝迪虽是公司领导者，却不管理任何行政事务。他把所有精力拿来思考如何在与重要客户的交易中增加获利上，然后再安排用最少人力达到此目的。蓝迪的手上从不曾同时有3件以上的急事，通常一次只有一件，其他的则暂时摆在一旁。为蓝迪工作的人在时间效率上充满了挫折感，因为同蓝迪比起来，他们的效率实在是太低。

可以说，蓝迪是个高效率的领导者。他之所以能成功管理好自己的团队，就是因为他懂得抓大放小，放下那些琐事，把主要精力放在更为重要的事情上。而和蓝迪不同的是，很多企业领导者每天不得不面对繁忙的工作，还有来自公司、同事及下属的压力。各方面的压力使他们穷于应对，于是抽不出时间做真正该做的事：解决根源性问题、统筹布局、培养下属。压力还使他们心力交瘁，持续处在焦虑状态之中，在工作中难以发挥最大成效。诚如一位管理者所言："做一个主管，要注意目标，就像游泳一样，要一边游，一边看前方，不要一头撞到池壁才知道到了。不要花太多时间在小问题上，要多花时间在目标上。"

的确，那些在工作中做到游刃有余的人，通常都是懂得放权的，他们相信下属能做好，于是，他们能为自己腾出更多的时间愉悦身心，放松自我。因此，如果你是个领导者，那么，你应当抛弃将员工当做工具的封建家长式的作风，取而代之的应是尊重员工的个人价值，合理地设计和实行新的员工管理体制，最重要的是要做到给予下属权利，把员工看成企业的重要资本、竞争优势的根本，并将这种观念落实在企业的制度、领导方式等具体管理工作中。

另外，给予下属权力也是为领导者自身分担工作的重要方法。在领导工作中，面对看似无法完成的工作任务，领导者最有效的办法就是要知人善任。这样领导自己便可以腾出一些时间和精力抓大事，部属也可以小试牛刀。

总之，无论是生活还是工作中，懂得放手，不仅是对对方的一种尊重和信任，更是现代社会人们释放压力、调节身心的重要方法。否则，你抓得越牢，你就越累！

每一种创伤，都是一种成熟

自古至今，大凡成功者，无不具备一项品质，那就是拥有不被打倒的意志力。他们总是满怀希望，因此，即使他们跌倒了，他们还是会爬起来；跌倒一百次，他们会爬起来一百次，终有一天，他们取得了胜利的果实。的确，对于任何人来说，每一种创伤，都是一种成熟，无论是成长还是成功，都离不开失败的历练；跌倒了并不可怕，关键在于如何从失败中奋起，反败为胜。只要你坚持下去，不可能也会变为可能。

关于挫折，一般来说，人们会有以下两种态度，要么是破罐子破摔，要么是从挫折中吸取教训并努力改正。很明显，第二种态度更有利于我们的成长。工作、生活中，我们难免会发生失误，面对问题，我们要的不是推卸责任、逃避或者一蹶不振等，而是应该保持清醒的头脑，找到问题的所在，吸取教训，主动承担责任，尽量做到不再犯同样的错误。

因此，要保持理智与清醒，正确看待问题，正确分析发生问题的原因，尤其是要主动积极地检讨，反省自己的过失，进而改正错误，使自己的工作重新回到安全的轨道上来。

事实上，无论是成功还是失误，都已成为过去。我们应当对已经发生的事情保持理智与清醒，成绩面前不盲目自大，事故面前不怨天尤人，始终保持良好的心态做好正在做的事。

60年前，加拿大一位叫让·克雷蒂安的少年，说话口吃，曾因疾病导致左脸局部麻痹，嘴角畸形，讲话时嘴巴总是向一边歪，而且还有一只耳朵失聪。他曾听一位医学专家说，嘴里含着小石子讲话可以矫正口吃，克雷蒂安就整日在嘴里含着一块小石子练习讲话，以致嘴巴和舌头都被石子磨烂了。

母亲看后心疼地直流眼泪，她抱着儿子说："孩子，不要练了，妈妈会一辈子陪着你。"克雷蒂安一边替妈妈擦着眼泪，一边坚强地说："妈妈，听说每一只漂亮的蝴蝶，都是自己冲破束缚它的茧之后才变成的。我一定要讲好话，做一只漂亮的蝴蝶。"

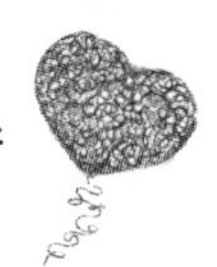

功夫不负有心人。终于，克雷蒂安能够流利地讲话了。他勤奋且善良，中学毕业时不仅取得了优异的成绩，而且还获得了极好的人缘。

1993年10月，克雷蒂安参加加拿大总理大选时，他的对手大力攻击、嘲笑他的脸部缺陷。对手曾极不道德地说："你们要这样的人来当你的总理吗？"然而，对手的这种恶意攻击却招致了大部分选民的愤怒和谴责。当人们知道克雷蒂安的成长经历后，都给予他极大的同情和尊敬。在竞选演说中，克雷蒂安诚恳地对选民说："我要带领国家和人民成为一只美丽的蝴蝶。"结果，他以极大的优势当选为加拿大总理，并在1997年成功获得连任，被国人亲切地称为"蝴蝶总理"。

一个口吃少年变成人人敬仰的"蝴蝶总理"，他真的如蝴蝶一样，实现了自己人生的蜕变。在成功之路上，他付出了自己的辛勤和努力。虽然他刚开始有缺陷，但也正是缺陷的存在，才使得他认识到幸福与尽早努力的关系。

有人说，成功的首要关键，在于你一定得认识和了解自己，而这件事只有你自己才能完成，也是一个非得靠你才能解答的问题。谁能左右你的命运？谁能永久激励你？谁能保证你获得成功？答案是你自己。别人只能帮你推波助澜而已！所以要获得成功，首先要先研究、了解自己。自己才是自己的最佳导师。保持理智与清醒，才能做到成绩面前不骄躁、挫折面前不气馁。

要做到保持理智与清醒，你就需要明白：

无论是你的委屈还是无奈，没有人会理会，当一切已经成为事实的时候，你要学着接受，接受所有的不公平；

当你被人欺骗、无法推翻别人的言辞时，尝试着接受它，全当是因为你太有价值了，成为了别人贬低的对象；

当有人背信弃义时，你的指责能改变它吗？不能！那么就接受吧！全当是一种教训。

当有人在你背后对你说三道四的时候，你觉得自己的争辩有意义吗？如果不能，那就学会接受吧！全当是无聊者横飞乱吐的口沫在污染环境。

当你的爱人离你而去的时候，哭天喊地和苦苦哀求能让他回头吗？不

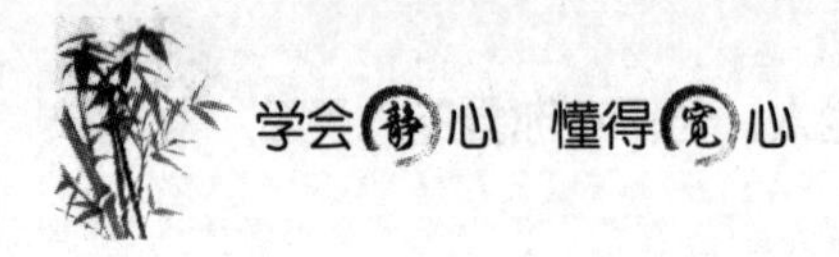

能！那么就接受吧！接受这残酷的现实，生活就是这样有聚有散、有合有离。

痛苦、磨难、欺骗、中伤、爱与不爱都不过是一个过程，是拥有现在、拥有未来的一个过程而已。你期待的是明天会更加美好吧！不是吗？明天会更加的美好吗？明天你会兑现你的承诺吗？只能默默地流泪、耐心地期待……明天会更加的美好！会的！明天，一定会更加美好的。

如果你冷静下来，你会发现，其实每一种创伤，都会促使你更加成熟。我们活一天，就有一天的福气，就该珍惜。当你哭泣自己没有漂亮鞋子时，你会发现，原来还有人没有脚。所以宁可自己去原谅别人，也莫让别人来原谅你。世界原本就不是属于你，所以，不必把“世界抛弃了我”挂在嘴边。万物皆为我所用，但非我所属。他人可以攻击、诽谤我们，但是并不代表我们可以用同样的手段对待别人。我们一定要保有一颗完整的本性和一颗清净的心，这是一种善待他人的表现。人之所以痛苦，在于追求了错误的东西；什么时候放下，什么时候就没有烦恼。与其说是别人让你痛苦，不如说是自己的修养不够。命运负责洗牌，但是玩牌的是我们自己！

女人不要纠缠于往事而伤感

每一件往事都是成长的影子，在女人的记忆中留下了深深浅浅的履迹；但人生中重要的是未来，而不是纠缠于往事，裹足不前。

悠悠往事如铭记于心的照片，凌乱而充满记忆，总是在心灵深处盘旋，让你在毫不经意间忆起，又百无聊赖地想忘记；悠悠往事如默默生长的兰草，总对你含情脉脉地吐露芬芳，而在你留意之时，却不经意间枯萎了；悠悠往事如转瞬即逝的烟花，曾经绚烂非凡，却不可能停留……

女人的记忆中盛放不了太多凌乱、不堪回首的往事，我们无须用过去的伤痛无止境地折磨自己。人生在世，不同的阶段会有不同的使命；过去的快乐和痛苦，请郑重地放下，不再纠缠，不再因它而伤感，而是要珍惜地将它留在过去，留在记忆中，慢慢沉淀，而后，放下一切，再次快乐前行！

以前，雅兰每到深夜都会放一张CD——林忆莲的*Sandy*，碟中有：《至少还有你》、《伤痕》和《此情可待成追忆》等脍炙人口的经典歌曲。曾经那橘红色的表面像温暖的爱情颜色，而现在带给她的却是难以言说的伤痛。她曾试着不再纠缠于那段往事中，有一阵，她固执地以为不再听这张CD，就能回到那段往事之前；后来她才发现，她还是做不到。

CD是雅兰前男友去韩国前送给她的。那天雅兰生日，男友把那张碟子夹在一大堆写满誓言的贺卡与鲜花之间，从身后激情洋溢地递到她的面前。然后他抱着雅兰说："是你喜欢的林忆莲"，男友在雅兰耳边说着缠绵的言辞。那是她经历的第一次爱情。等待男友回国的日子里，雅兰满怀期待地听着*Sandy*，幻想着幸福的爱情和未来。

两年后，男友回国了，将一张粉红色的结婚请柬递到了雅兰手上。雅兰呆呆地站在那里蓦然间不知所措……最终，雅兰没能参加他的婚礼，她们的爱情终成了隔世的回忆。在那个伤心的晚上，雅兰听着*Sandy*，才突然发现：再繁华、美丽的爱情也禁不住时间的洗涤。男友完婚后，回了韩国定居。后来他曾回国过一次，宴请了雅兰之外的所有朋友。当闺房密友把这个消息告诉雅兰时，她真的就像死过一次一样。朋友对她说："他不见你，可能是怕不想让你伤心吧。你还是忘了她吧，这样无谓的纠缠、回忆没用的。"

于是雅兰发誓忘了他，让悲伤止步。于是，她离开了曾经充满甜蜜的城市，想从往昔的气息里彻底走出来。果然，她的心情似乎也好了很多；渐渐的，在新的城市，她邂逅了现在的丈夫，丈夫和她一样也爱听林忆莲的歌。当她再次听到《至少还有你》的时候，回忆如潮水般涌来，却带着让她安心的平静。这时，她才知道，她真的不再纠缠于过去了，能放下一切，开始她的新生活了！

女人活着，就要学会放下，放下毫无结果的爱情，放下已成明日黄花的往事，放下曾经深爱过却无法厮守的人。雅兰就是这样才从悲哀中解脱出来了，看到了放晴的天空。

女人生命过程中的每一段，走过了都无法再重来；除了偶尔的嗟叹、回忆之外，就不要过多地纠缠了，而应好好想想如何经营余下的人生，让自己短短数十年的人生更加精彩。每一个女人都是独一无二的，每一天也是独一无二的。在通往未来的旅程中，我们不必再为往事痛心，让它成为自己心中的枷锁，为自己徒增烦恼。

美娟是在一个工作环境很差的地方认识立强的，刚开始美娟没有在意立强，后来才慢慢对他有了好感。立强知道美娟爱带手表，就在回老家之前送了一块手表给美娟，虽然美娟没有对他说什么，但她很爱惜立强送给她的东西。后来，美娟不小心在生日那天把手表弄丢了，当时她很难过。

立强回老家后，他们之间的联系也是断断续续，有误会，也有快乐。美娟为他思念过、哭过而且梦到他跑回来找自己，还问过自己："我们能在一起吗？" 美娟一直没对立强承诺过什么，因为她觉得他们好像不是一路人，也因此没有说服自己与立强交往，答应去看立强也没有去，就这样过了一年。美娟再次过生日时，立强打电话对美娟说："这是我第一次送歌给你，也是最后一次。"当时听了一半已经是以泪洗面的美娟关掉了手机，一整天脸色都很差。对此结果其实她早有准备，但她还是忘不了立强。

终于，立强结婚了，得知此消息的美娟痛不欲生，美娟常想如果不是他们家庭有别、城市不同，也许会走到一起，过得很幸福，而不是像现在这样，常常想念他。

美娟现在无论如何回忆过往，如何感叹"如果当时我和他在一起就好了"，也终究只是枉然。与其总幻想着之前的华丽时光，凄凄然虚度年华，不如不再纠缠过去，收拾心情，活在当下，让笑容重新回到脸上。

往事，早已成梦。当一切已成过去，我们不妨轻轻地拥抱一下回忆里的温暖，感受一下记忆里的温度，然后干干净净地离开，不再纠缠于那一张张陈旧的照片、一页页泛黄的日记。就这样，让那些刻骨铭心的往事慢慢地变成落叶，随风凌乱地散去……

第10章　宽待自己：不念过去，不畏将来

有人说，我们可以把人生分为，昨天、今天和明天，昨天已经过去，明天还未来到，我们所能掌控的也只能是今天。的确，人生如梦，沉溺于过去，也只能让我们拾回一些残存的记忆和伤痕而已；而未来，我们谁也无法预料，殚精竭虑也无益处，对此，我们要善待自己，无论过去发生了什么，未来会发生什么，我们都要放宽心，只有做到不畏将来、不念过往，我们才会收获最淡然的一份快乐。

坦然接受无法改变的现实

人生道路上，总是会出现我们无法预料的因素，我们渴望成功，但结果并不一定如我们所想象，那么，我们面对不能避免、不可改变的事实——失败面前，最好的态度就是认定事实，做出积极乐观的反应。

然而，在面对困难和失利时，我们总是听到一些人不停地抱怨，不断地自责。这样一来，将自己的心境弄得越来越糟。这种对已经发生的无可弥补的事情不断抱怨和后悔的人，注定会活在迷离混沌的状态中，看不见前面一片明朗的人生。

事实上，我们的生命正因为挫折而精彩。因此，在挫折面前，我们必

须具备一定的承受挫折的能力，在既定事实面前，与其终日惴惴不安，还不如坦然接受，当然这需要我们历练一份坦荡的心境。只有这样，我们才能以豁达的胸怀来应对生活中的每一份酸甜苦辣，让原本平淡乏味的生活焕发出迷人的色彩。

1985年9月19日清晨7时19分，墨西哥西南岸外太平洋底发生了8.1级强震，震波约2分钟到达墨西哥城。顿时，该城大地突然剧烈颤动，仅仅90秒钟的时间，市中心30%的建筑物便化为瓦砾。在这次地震前的几小时，可爱的胡安娜·哈斯敏·阿利亚斯出生了。在那场灾难中，她失去了妈妈；但同时又很幸运，她是当年警察和士兵们从墨西哥城华雷斯医院废墟里救出的第一个孩子。

爸爸因为无法承受失去妻子的痛苦而和年幼的胡安娜疏远。一直以来，胡安娜都住在自己的姨妈家中。但当别人问胡安娜“那场灾难让你失去了母亲，你有什么感想？”时，胡安娜并不觉得又一次被触碰了伤疤，她从没觉得自己和身边的其他人有什么不一样。对她而言，抚养她长大的姨妈给了自己全部的爱，她就和母亲一样；妈妈能给予的，姨妈也毫无保留地给予了她。

长大后胡安娜接受了墨西哥城特意成立的一个专门的心理医生小组的治疗，积极的心理治疗让胡安娜跨过了那道艰难的坎。

胡安娜说，正因为知道自己能活下来就是生命的奇迹，所以她要做的就是“朝前看”。

的确，胡安娜的心态是值得很多人学习的，灾难已经发生，就不要再回首，当你回头往后看那个绊倒你的坎时，你又会想起以前的不幸经历，之前的伤疤又会被重新揭开，隐隐作痛。应该把头抬起来，天空依然星光灿烂。苦难有时会置人于死地或让人颓废，但有时也会使人焕发出巨大的潜能，快速地成长。

从这个故事中，我们应该向胡安娜学习，无论你在生活中遇到什么，你都要乐观，抛却那些伤心的往事，抛却那些失败后的懊恼吧！若想开心地生活，就必须勇于忘却过去的不幸，重新开始新的生活。

莎士比亚说过：“聪明的人永远不会坐在那里为自己的损失而哀

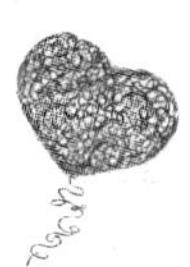

叹。他们会用情感去寻找办法来弥补自己的损失。”美国著名文学家华盛顿·欧文曾有过这样一句名言：“人世间的任何境遇都有其优点和乐趣，只要我们愿意接受现实。”这句话也是在告诉我们，无论发生了什么，我们首先要做的就是学会接受它，然后学会适应它，只有这样，我们才能以崭新的面貌走出困境。

有句话说得好，“不经历一番寒彻骨，怎得梅花扑鼻香”。只有不断经历摔倒的苦痛，才能脱胎换骨。挫折，是一个谁也不想遇到但谁也无法避免的东西，所有的人都畏惧它的存在，这是因为人们并没有真正理解挫折的本质。挫折本身是无罪的，可是人们却十分讨厌它。其实，正是因为挫折，才使我们的生活变得更加精彩，才使我们能够最终获得成功。挫折能将生活、家庭乃至世界变得更加精彩。如果你未经历一次挫折就直接获得了成功，那么，你就不会去努力创新，等待你的将是两个极端……光辉的一生或一辈子的失败。而如果经过挫折才会成功，你将会拥有最高的荣耀，你不会因为没有创新而被淘汰，也不会因失败而黑暗一辈子。

有位哲人说过：“假如上帝在你面前撂下了一座山，那么你绝不要在山脚下哭泣！翻过它就是了！”多么富有哲理的话呀！我们确实要用希望的力量来武装自己，勇敢地去翻越挡在自己面前的那一座座生活的高峰。所以，在生活中，无论遇到多么难办的事，我们都要保持积极乐观的心态，要相信一切问题都会解决的。

总之，心态不仅体现一个人的智慧，更能决定一个人的生活、命运和价值的取向，心态是我们成功的关键，生活中每一个成功者无不是心态的主人。良好的心态对于我们的成功具有决定性的作用，不管我们做什么，首先我们应该学会保持良好的心态。而一个人，只有学会承受成败，才能节省下精力去为成功创造条件。没有人能有足够的情感和精力，既能抗拒不可避免的灾难，又能创造一个新生活，你我只能在其中选择一个。

让人劳累的是心头的重负

人生苦短，有喜就有悲，正如天气有晴有阴一样，阳光不会一直照耀着我们。正如旅途一样，生命之旅也不会一帆风顺，总会有羁绊出现。那些羁绊、那些不如意，难免会使我们的心头产生重负。但如果我们在行走人生的路上，一直放不下这些重负，那么，我们的世界将充满灰暗，我们也会感到身心俱疲。事实上，无论过去发生了什么，我们都要宽待自己，做到不念过去，要朝前看，只有这样，我们的旅途才会充满阳光。

的确，一个人生活的快乐与否，完全决定于个人对人、事、物的看法如何；因为，生活是由思想造成的。如果我们能积极向前，想的都是快乐的念头，我们就能快乐；如果我们想的都是悲伤的事情，我们就会悲伤。的确，人生在世，快乐地活着是一生，忧郁地过也是一生。是选择快乐还是忧郁？这完全取决于做人的心态，正确的做法就是不断地培养自己乐观的心态，远离悲观，它既是一种生活艺术，又是一种养生之道。

我们再看下面一个故事：

法正是一位德高望重的老禅师，每年都有成千上万的人去请他解答疑问，或者拜他为师。这天，寺里来了几十个人，全都是因心中充满了仇恨而活得痛苦的人。他们跑来请法正禅师替他们想一个办法，以消除心中的仇恨。

法正禅师听说他们的痛苦后，笑着对他们说："我屋里有一堆铁饼，你们把自己所仇恨的人的名字一一写在纸条上，然后一个名字贴在一个铁饼上，最后再将那些铁饼全都背起来！"大家不明就里，都按照法正禅师说的去做了。

于是那些仇恨少的人就背上了几块铁饼，而那些仇恨多的人则背起了十几块，甚至几十块铁饼。

一块铁饼有两斤重，背几十块铁饼就有上百斤重。仇恨多的人背着铁饼难受至极，一会儿就叫起来了，"禅师，能让我放下铁饼来歇一歇吗？"法正禅师说："你们感到很难受，是吧！你们背的岂止是铁饼，那

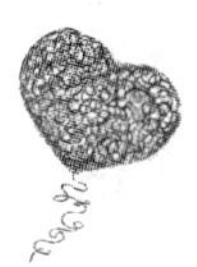

是你们的仇恨。你们的仇恨你们可曾放下过？”大家不由地抱怨起来，私下小声说：“我们是来请他帮我们消除痛苦的，可他却让我们如此受罪，还说是什么有德的禅师呢，我看也就不过如此！”

法正禅师虽然人老了，但是却耳聪目明，他听到了，一点也不生气，反而微笑着对大家说：“我让你们背铁饼，你们就对我仇恨起来了，可见你们的仇恨之心不小呀！你们越是恨我，我就越是要你们背！”有人高声叫起来：“我看你是在想法子整我们，我不背了！”那个人说着当真就将身上的铁饼放下了，接着又有人将铁饼放下了。法正禅师见了，只笑不语。终于大部分人都撑不住了，一个个悄悄地将身上的铁饼取些出来扔了。法正禅师见了说：“你们大家都感到无比难受了，都放下吧！”大家一听立即就将铁饼放了下来，然后坐在地上休息。

法正禅师笑着说：“现在，你们感到很轻松，对吧！你们的仇恨就好像那些铁饼一样，你们一直把它背负着，因此就感到自己很难受很痛苦。如果你们像放下铁饼一样放弃自己的仇恨，你们也就会如释重负，不再痛苦了！”大家听了不由地相视一笑。

法正禅师接着说道：“你们背铁饼背了一会儿就感到痛苦，又怎能让仇恨背负一辈子呢？现在，你们心中还有仇恨吗？”大家笑着说：“没有了！你这办法真好，让我们不敢也不愿再在心里存半点仇恨了！”

在我们的生活中，不少人都把曾经的仇恨、悲伤、嫉妒等各种情绪放在心上，但这些负面情绪，正是让我们劳累的重负。如果你不愿意放下，那么，就是跟自己过不去，就是让自己受罪。如果你心头有重负，不妨放下吧，你会发现，你就像卸下了一块大石头一样。

其实，我们每个人都有过去，甚至大多数时候，这些过去是悲伤的，只不过有的人愈合得天衣无缝，有的人留下了累累疤痕，甚至有的人在小小的刺激下，就会面目全非。我们可以受伤，我们可以流血，但我们要在最短的时间内医治好自己的伤口，尽可能整旧如新。因为没有幸福，谁也别想留住健康。

尘世之间，变数太多。事情一旦发生，就绝非一个人的心境所能改变。伤神无济于事，郁闷无济于事，一门心思朝着目标走，才是最好的选择。相反，如果跌倒了就不敢再爬起来，就不敢再继续向前走，或者就决定放弃，那么你将永远止步不前。

命运是个让人琢磨不定的怪物，它的性格喜怒无常。它会出人意料地给人带来惊喜，同样也会毫无来由地给人送来可怕的灾难。但无论我们遇到了什么，我们都要记住，一切都将成为过去，我们不必把那些过往都积压在心头，否则，它们就会占据我们的心灵，让我们失去欢乐，永远生活在它们的阴影里。

总之，快乐的人懂得善待自己，他们总会给自己创造快乐；悲伤的人则总让自己变得悲伤。不是生活让你怎么样，而是你使得生活怎么样。我们每个人都有自己的快乐，只是需要你去找到它，那就是幸福了。

与自己相处，没有回头路

南唐后主李煜在《乌夜啼》中写过这样一句诗："人生长恨水向东。"其实，人生何尝不是如此呢？自打我们来到人世的第一刻起，我们就像川流不息的溪水一样不断往前走、从不停歇。岁月匆匆，人生漫漫，时光的逝去，让我们不知不觉从童年到了青年、中年，再到了老年。我们可以控制很多人和事，但却抵挡不住岁月的流逝，曾经的梦想、意气风发，都会在漫漫人生路途中消磨殆尽，随着时间一去不复返。

在幼年，我们学会了语言；在少年，我们懂得了教养；在青年，我们明白了是非；在壮年，我们体会了恩怨；在老年，我们参透了生活。但当你蓦然回首那些岁月时，发现无论是辉煌还是凄凉，也不管是成功还是失败，没有谁能让时间的车轮倒转，更没有谁能让火热的青春重现。时光已在岁月中逝去，一切都难以再挽回。当我们走到生命尽头的时候，就会感慨人生留下了太多的遗憾！

生命对于每个人只有一次，这是一条不归路，人生没有回头路，绝没有第二次选择的机会。我们没有办法去给自己做假设，也永远不知道未来

会发生什么，所能做的就是一步步向前走去。人生一旦选择了一条自己喜欢的路就没有理由不走下去，也没有什么可以后悔的。要知道自己所走的路，一定会走得很艰辛，不要去奢望什么，更不要逼迫自己什么。

因此，生活中的人们，无论你经历过什么，或者正在经历什么，都请记住，一切都会过去。把一切交给时间，不念过往，不畏将来，是学会善待自己的表现。曾经有这样一个故事：

伟大的所罗门王曾经做过一个梦，梦中，智者告诉他一句至理名言，记住这句话，可以让人在得意时不骄傲，失意时不痛苦。但是所罗门王醒来时却忘了这句话是什么，于是他召集了王国里最有智慧的长者，并且给了他们这枚戒指，告诉他们，如果想出这句梦中的话，就把它刻在这枚戒指上。几天后，戒指被送还给所罗门王，上面刻着："一切都会过去！"

是的，一切都会过去的，无论发生什么，它即将成为过去，未来将会来临。当你感到情绪低落时请以这句话自勉。而事实上，任何痛苦和逆境都是有意义的，你现在所受到的痛苦，不是毫无意义的。人生不如意，十之八九，人一辈子会碰上许许多多的痛苦，这是我们无法避免的。痛苦可以让人颓废，也可以激发人的斗志。痛苦也磨炼了人的意志，让人们不会轻易地被困难所打倒。

人生有高潮就有低谷，人生如同一场游戏，没有一个定数，所以又何必处处计较？不如保持信心与期待，胜不骄，败不馁，在这个美丽的人间留下自己坚实的足迹。或许你以为在你面前，有很难翻过的门槛，其实当事情过去以后，你会发现，这在你人生路上是多么不显眼的一件事情，根本无须惊怕；所以，你应该重新扬起自信的风帆，鼓起劲儿摇桨，向成功的彼岸迸发。

人生路上风光旖旎、五彩缤纷，人生的改变也许就在一瞬间；要把握好每一个可能的机遇，这样，人生才会少一些遗憾！也许人生就是这样的不完美，这是一种遗憾，但也是一种公正。人生没有回头路，正因为不可以重来，生活才有滋有味，人生才多姿多彩；正因为不可以重来，我们才学会珍惜现在，才懂得开拓未来。

人生没有回头路，只能在叹息和惋惜中回味曾经的拥有；人生有许多珍贵的东西，是值得我们一生回忆的，但更多的是让我们明白了很多的道理。既然改变不了生命的长度，那么我们就努力的去拓展生命的宽度吧。我们如果已经错过了春花夏雨，那就绝对不能再错过秋月冬雪。我们在生活中行走，在行走中学会了好好地生活，人生之路是直路也好，是弯路也罢，都要走好每一步，人生没有回头路可走。因此，我们还要记住一点，把握好今天，充实好自己，才能更好地迎接明天。

一只猴子被暴风雨淋得晕头转向，浑身发抖，无处可躲。于是，它决定明天一定造一个漂亮舒适的房子。可是，第二天雨过天晴，猴子却伸了伸懒腰想："等明天再造房子吧。"于是又尽情地玩去了。时间一天一天地过去了，猴子却一直没有把房子造好，只是暴风雨又来临之时，它才后悔不迭。

"明日复明日，明日何其多"，我们绝不能像那只贪玩的猴子那样，总把希望寄托给明天吧？抓紧时间，做今天的事，才是最实在的，才能解决当下的问题，找到出路。

人生百味，百味人生。我们的一生中，经历了无数的人和事，有欢乐，有痛苦；有顺境，也有逆途；有经验，更有教训。一个迷茫的梦，一段遗憾人生！就这样我们行走在生活中，走过了一个又一个的昨天。人生只有三天，昨天已成过去，无法重新上演；明天属于将来，无法给自己预先写好剧本等待自己的演绎；只有今天才是应该珍惜的。现实的世界令人应接不暇，沉浸往事只能倾斜心灵的天平，寻觅过去只能拾回尘封的梦幻。

只有把失落、遗憾和悔恨埋进昨天，我们才能真正拥有一个崭新的今天；只有把勤奋、拼搏和执着播满今天，我们才能真正拥有一个灿烂的明天，才能看到人生壮丽的风景，才能享受生活丰富的内涵。人生只有在向彼岸不断进取的征途中，才能焕发出绚丽迷人的光彩……

勇敢面对，谢谢你离开我

生活中无不存在着得与失、进与退、坚持与放弃，去与留，成功与失

败，面临着一个个主动或被动，有意或无意的选择、巧合和错过。有得必有失，有失也会有所得。有时候，得到的未必就是好的，或者说不是最适合你的，而且也未必长久；失去的也未必是不好的，是你最不想要的，而且也未必昙花一现。爱情正是如此。

张小娴曾说过这样一句话：“谢谢你离开我。”这句话是要告诉所有处在失恋痛苦中的人们：爱情让人成长。失去的是一段感情，但你获得的，是人生的一次体验和成长。感谢那个离开你的人，是他让我们变得更好。

我们不妨先来看下面一段爱情故事：

“我认识我老公的时候，他当时正失恋。随后，他开始追我，那阵子我身体很不好，住在医院，他便天天去看我。但家里以及所有的朋友都反对我嫁给他，其中一个朋友对我说，穷男人不能嫁，花心男人更不能嫁，如果又穷又花心，那就是火坑。他们告诉我他在我之前至少跟5个女人同居过。我没有介意，因为他并没有瞒我。结婚一个月后我怀孕了，到那时我才知道，他为了娶我，欠了很多债。我跟他商量，以后他的工资做日常开销，我的存起来，以备不时之需，他同意了。但因为我的工资比他高出很多，结果每个月发薪水那天，他都会发脾气。再后来女儿落地，他却在那个时候辞了职，说是要做生意。我把我全部的积蓄都给了他。

不幸的是，他根本不是做生意的料，钱全部赔掉了。孩子出生后三个月，我就开始上班了，因为家里实在没钱了。而就在那个时候，我发现他有了外遇。他对我坦白，说他过去的那个女朋友来找他了。我当时就哭了，但他向我保证，以后不会再做对不起我的事情。但不久，我就撞到他们在一起，那一次，他竟然当着她的面对我说离婚。那件事情对我打击很大，我病了很长时间。大概两个月后，他来找我，诅咒发誓甚至跪在我面前求我，我相信了他。但不料，我又发现了他和那个女人的暧昧短信。最近我发现自己又怀孕了，我说等我把孩子流掉之后，咱们分开吧。他说不要老说这些话，他跟那个女人没有可能的，我才永远是他的老婆。他说想要这个孩子，但是被他伤了这么多次之后，真的很难再去相信他，我到底应该怎么办？”

可能当我们听完这个故事之后一定会说，这样的男人还有什么好留恋的？换句话说，如果这样的事情没有发生在她周围的任何一个朋友身上，估计她自己都会坚定地说："离婚！"但有时候，面对情感，人们就是这样执著，也许你会认为，哪有那么容易做到？但你要记住，苦难是强者的垫脚石，是弱者的深渊。有很多著名的女人，是把差劲男人当做"垫脚石"的；她们经历了不幸，把不幸变成了人生的财富。

有时候，失恋也未必不是好事。也许，那段你以为刻骨铭心的恋情，其实并不是你想要的，你知道，你所真正需要的爱情。有道是：强扭的瓜不甜。爱是两个人的事，不能一厢情愿。爱与被爱，彼此欣赏，相敬如宾，忠贞不渝，互悦互助互动，才是爱的真谛和最高要义与外在形式。那种单相思，独角戏，多角恋，朝三暮四，始乱终弃，见异思迁，喜新厌旧，或视爱情如游戏，婚姻如交易，恋爱动机不纯的现象，充斥着神圣的爱情伊甸园，成了当今文明社会"情感市场"的一大景观，司空见惯。其实，真正爱一个人，应该尊重对方的选择，处处为对方考虑，即使不能在一起，依然心中有爱，不会将爱变成一种伤害，化爱为恨。那种所谓爱不成，则因爱之深，恨之切，走向报复毁灭他人或自己的说法与做法，是不懂爱，误解爱，曲解爱的无稽之谈，是一种狭隘的占有心理，即不可取，不可爱，不理智，也玷污了爱的神圣和本意。

为此，你必须对失恋有一个正确的认识：

恋爱与失恋都只是一种选择的结果，他没有选择你，并不是表明你一无是处，只是彼此不合适而已。

你从失恋中获得的，是其他任何经历都不能给予的财富。在这个过程中，可能你会体会到一种难以遏制的痛苦、一种心灵的冲击，但正是因为这样，你才更应该把它当成一笔人生的财富，它使你有了更多的人生体验，使你在失恋中变得更加成熟。

失恋是另一场爱情的开始，你要明白，失恋可能对于你来说是一次挫折，但却给了双方另一次恋爱的机会。

其实，有恋爱就有失恋。失恋这种痛苦的情感体验，会给人们造成不同程度的心理创伤，往往会使人处于强烈的焦虑、自卑、悲伤甚至绝望的消极情绪中，也会使一些人产生自暴自弃、对人不信任、猜忌、报复等

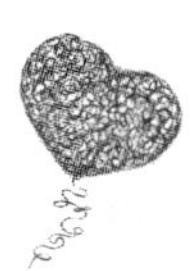

不良心理障碍。从这个角度讲，失恋可以称为人生中最严重的心理挫折之一。然而，失恋也是个人成长的一部分，如果能正确对待，它就会成为生命中的一种蜕变和提升！因此，任何一个人，都必须以达观的心态面对爱情，要学会坦然面对爱情带来的悲欢离合，努力走出失恋的阴影，去经历成长，继续在美好的人生路上轻舞飞扬。

女人别跟自己过不去

在生活中，女人不管遇到什么事，对自己好一点儿，不要把苦闷留给自己，不要跟自己过不去。

现实生活中，我们发现有些女人爱赌气，遇事想不开，易迷失自我，在情感得失之事上，也总是拿不起放不下。同时，有些女人，还爱钻牛角尖。甚至在现实生活中，很多女人有点“神经质”。为何那样多的女人，老是与自己过不去呢？不妨静下心来想想，让内心保存一份悠然自得；不要一味地自己过不去，也不要责备和怨恨自己。因为，你已经尽力了。

有句话说的好：“一个人的世界，一个人的快乐和成功只属于这个人自己。”凡事别跟自己过不去，永远保持对生活的美好认识和执著追求，才能做到更加珍惜生活，积极创造生活。

武炎是个在外留学的女生，有一次，她参加一个冬令营，参加的成员都是大学生。大家围在营火旁聊天，她发现自己的见识、观察和表达能力，都比其他学生差，觉得自己不适合和她们在一起交流，于是就躲到一边看书去了。当有人问她以前念哪个学校时，她讲不出口，就神祕地说：“你猜？”没想到那个人说：“肯定也不是什么好学校！”她的自尊心于是更受打击了。

当别的女孩正在尽情享受青春年华时，她却总是跟自己过不去，一天闷闷不乐的，和同龄的人她也离的很远。她的这种异常被老师发现了，在一次师生交流会上，老师单独和她聊起了她这种心理的危害。

“你知道吗？你是个很出色的女孩，你到学校来的时候，你的英文成绩是最棒的，可是为什么现在下降了呢？是因为你不愿意交流，我很少看见你和同学们说话。”老师问她。

她也就把自己的心事跟老师和盘托出了：“因为我觉得她们很排斥我，我是个二流大学出来的学生，只是因为英语还可以才被送来留学的，她们自然瞧不起我。”

“你多想了，同学们没有这样的想法，你不要认为自己不如人。你是个优秀的中国女孩，放下你心里的包袱，不要跟自己过不去。”

晚上回去，她想了很久，觉得老师说的的确很对，跟自己过不去只会让自己不开心。课程还学不好，何必呢？

从那以后，她就变得开朗多了，人也自信多了。后来有个女生对她说：“你这么棒，肯定是从名牌大学来的吧。”她笑了笑。

几年以后，她以优异的成绩归国。

武炎克服了自己的心理障碍，打开了心结，才让自己走出了孤僻的阴影。的确，做人何必考虑那么多呢？跟自己过不去只会让自己不开心。对自己好一点，善待遇到的麻烦事，也就是善待自己。

李杰是个军嫂，她和很多军嫂一样常年独守空闺，期望自己可以和丈夫团聚的时间多一点。但最近她不自在了。

其实也不是什么大事，本来以她丈夫的级别每年有两个月的假，能在一起的时间也不算少。每年都是过年的时候休息一下，夏天六七月中间的时候再休一个月，那中间还有小长假大长假的。过去她的丈夫经常还请假回来，也算每个月基本能见一次面。可今年快到七月中旬了，没听说丈夫要休假。李杰问他，丈夫说领导说有事，不让休假。可李杰想，真有这么忙吗，为什么以前都是很急着想回来，现在却没见他急过？

李杰清明的时候去看过丈夫一次，而丈夫从清后一直没回来过，她感觉有事情，为什么他不想家了呢？女儿也不要看了吗？另外她又想：我和老公是相亲认识的，所以很多事情不知道，包括以前他的感情经历。婆婆在我面前夸他儿子能干时说漏过一件事：他在现在的单位是因为想见以前

的女人犯了错误而被发配到这里的。本来在部队机关，基本每个星期都可以回家。

说者无心，可她听后一直不平衡，丈夫从来没有为自己做过这种事情。她的大脑里一天到晚都在想这些事，以至于经常跑到丈夫的单位打听情况，搞得丈夫在单位的声誉也不好了。

后来，一个偶然的机遇她碰到了丈夫战友的妻子，两个人聊开了，她把自己的事也都说了。

“大嫂，你何必拿这种事来折磨自己呢，听我们家那口子说，大哥在战友面前一个劲儿地夸你能干呢。哪儿会干出你想的那些事呢？你肯定想多了。”

她回家想了想也是，丈夫是个好人，而且丈夫在单位很上进，不能总是往家跑。想着想着，丈夫就回来了：“老婆，对不起，这几个月让你委屈了。”

当她看见丈夫的那一刻，她感觉自己无比幸福。

李杰及时想通了自己的想法是错误的，她没有长时间的跟自己过不去。这时候，她盼望的丈夫回来了，事实证明也并不是她想的那样……

生活好像是一场游戏，生活是一壶陈年老酒……每个女人都应该学会享受生活，轻松而快乐地度过每一天。把自己的心态摆正，用一颗平常的心去体味人生，享受生活。在这个世界上，有许多事情是我们所难以预料的，我们不能控制际遇，却可以掌握自己；我们无法预知未来，却可以把握现在；我们左右不了变化无常的天气，却可以调整自己的心情。我们不知道自己的生命到底有多长，但我们却可以安排当下的生活；

是的，不管遇到什么事，对自己好一点儿，不要把苦闷留给自己，不要跟自己过不去。心态决定了你的生活是否快乐，而快乐的女人有着淡定的心，她们也从来不会和自己过不去，因为这是不明智的选择。坦然面对眼前的一切吧！

不为昨天的错误流泪

我们都知道，人无完人，都有一些弱点，难免会犯错；但人也有懂得改错的优点，人们在犯过一次错误后，多半都能从中吸取教训，找到错误的根源，从而避免再犯。因此，在错误面前，你大可不必自责，而应该学会总结经验教训。这就如同人们常说的：“不要为打翻的牛奶而哭泣。”你要明白的是，反思可以让你成长，但后悔无益于事。你需要做的就是，不断反思自己的过失，在反思中前进。

美国作家哈罗德·斯·库辛写过一篇《你不必完美》的文章。在文中，他写了这样一个故事：

因为在孩子面前犯了一个错误，他感到非常内疚。他担心自己在孩子心目中的美好形象从此被毁，怕孩子们不再爱戴他，所以他不愿意主动认错。在内心的煎熬下，他艰难地过着每一天。终于有一天，他忍不住主动给孩子们道了歉，承认了自己的错误。结果，他惊喜地发现，孩子们比以前更爱他了。他由此发出感叹：人犯错误在所难免，那些经常有些过失的人往往是可爱的，没有人期待你是圣人。

这个故事告诉我们：正视错误，才令我们完整。因此，日常生活中的人们，不要太苛求自己了，不为昨天的错误而懊恼，你才会活得轻松。

现实生活中的人们，可能你经常会遇到这样的情况：某次团队合作中，因为你的疏忽而影响了整个团队的成绩，对此，你肯定很懊恼，但懊恼又有何用？不停地抱怨，不断地自责，你只会将自己的心境弄得越来越糟。尘世之间，变数太多。事情一旦发生，就绝非一个人的心境所能改变。伤神无济于事，郁闷无济于事，一门心思朝着目标走，才是最好的选择。相反，如果跌倒了就不敢再爬起来，不敢继续向前走，或者就决定放弃，那么你将永远止步不前。

泰戈尔说过：“如果你因错过太阳而流泪，那么你也将错过群星。”的确，人生如变幻莫测的天空，刚才还是晴空万里，转眼间便会阴云密布、倾盆大雨。但这些都是上一秒发生的事；人要向前看，不管过去多么悲伤失

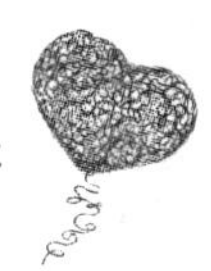

意，过去的总归过去。只有向前看，才会有希望。我们都应该记住泰戈尔的这句话，并把它作为鼓励自己的一句座右铭。年轻就是资本，无论昨天的你失去了什么，做错了什么，那都已经成为过去；你要做的是向前看，努力过好现在，充实自己。只有这样，你才会发现，你的前方就是一片群星。

的确，人生就如四季的变化一样，有春夏秋冬的更替，才有不同的风景，不同的感受。因此，对于某个已经过去了的季节的美丽风景，就不要再牵挂。走过了，也就是那一面之缘；那路过的风景，只是为了丰富你人生的经历。对于人生的风雨坎坷，保持一颗乐观的心吧！那样，每天你都会有个灿烂的好心情。

当然，当你犯错之后，总会心情不佳，这时你要化失败为动力。你可以采取以下方法：

（1）仔细分析现状，找到自己的问题，不要怪罪任何人。

（2）给自己重新制订一份计划，这份计划必须要考虑到前一次失败的原因；

（3）不妨去想象一下自己在获得成果后的欢愉场景；

（4）收起那些曾经让你不快的记忆，想象它们现在已经变成你未来成功的肥料了。

（5）重新出发。

你可能必须再三试行这五个步骤，然后才能如愿达成目标。重要的是每尝试一次，你就能够增加一次收获，并向目标更迈进一步。

当然，我们不必为昨天的错误而流泪，并不意味着我们可以为自己的错误去推卸责任；相反，一经发现过错，我们就要勇于改正，这才是真学问、真道德。

什么是真正的过错？一个人有过错不要紧，过而能改，善莫大焉；如果有过错而不肯改，这才是真正的过错。

所以，你若想逐步完善自己，就必须戒除任何借口，主动改正错误。为此，你需要做到：

1. 发现自己需要改进的地方

（1）性格弱点。人无法避免与生俱来的弱点，所以必须正视，并尽量减少其对自己的影响。比如，如果你独立性太强，可能在与人合作的时候，就会缺乏默契，对此，你要尽量克服。

（2）经验与经历中所欠缺的方面。“人无完人，金无足赤”，每个人在经历和经验方面都有不足，但只要善于发现，只要努力克服，就会有所提高。

2. 自我反省

当你获得一定的荣誉、取得一定的成绩后，最难能可贵的就是胜不骄败不馁，懂得自我反省，才会不断进步。

3. 直视自己，不要害怕犯错误

人无完人，所以，谁都有可能犯错。关键是你要告诫自己，下次不能再犯。相反，假设你在做事前，就谨小慎微，暗示自己绝不能犯错，那么，你反而会因为有心理压力而做不好；而且，害怕犯错误会让你倾向于掩盖错误。于是，你会离谦虚这两个字越来越远。想要不再害怕犯错误就要从现在开始，正视错误并积极主动地改正错误。当自己犯错的时候，第一想到的就是怎样挽回，而不是怎样逃避。

总之，我们要做个凡事向前看并且善于自我反省和自我纠错的人，只有这样，才能够发现自己的缺点或者做得不够好的地方，然后加以改正，使自己不断进步，并能够扬长避短，发挥自己的最大潜能。

梦想有时是个痛快的决定

生活中，总有些人慨叹：其实我并不喜欢现在的生活，我有自己的梦想……谈了一大堆的计划，一大堆的梦想，可是最后，他们并没有去实践。如果这么一问，他们还会摇摇头说：不行啊，无奈啊，没办法啊……真的有那么无奈吗？既然无力改变又何必总是埋怨？如果埋怨、不满，又为何不去努力改变？

当你对工作、对生活有了最初的梦想，你是不是能够大胆地去实践？还

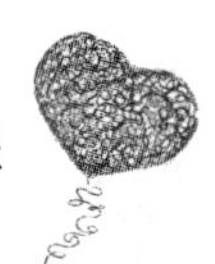

是仅仅把它作为一个遥不可及的梦想，最后只能默默地埋藏在心底，到老了才感到莫大的遗憾?

我们大多数人都与梦想渐行渐远。为什么呢?因为我们都认为梦想终归是梦想，只把它当成了遥不可及、无法实现的目标。我们有很多理由，例如：我没有足够的资金开创自己的事业；我的学历不高；竞争太激烈，做这个太冒险了；我没有时间；我的家人不支持我……而没有足够的资金，没有学历，没有这个那个，其实都是缺乏意志力的人为自己找到的冠冕堂皇的借口。别忘了那句最常听说却最容易忽略的话：事在人为。

其实，梦想有时只是个痛快的决定，只要想做，并坚信自己能成功，那么你就能做成。这正是行动的作用。世界著名博士贝尔曾经说过这么一段至理名言：“想着成功，看看成功，心中便有一股力量催促你迈向期望的目标。当水到渠成的时候，你就可以支配环境了。”

汉斯从哈佛大学毕业后，进入了一家企业做财务工作。尽管赚钱很多，但汉斯很少有成就感，因为他不喜欢枯燥、单调、乏味的财务工作，他真正的兴趣在于投资，做投资基金的经理人。

在一次旅途的飞机上，汉斯与邻座的一位先生攀谈起来，因为邻座的先生手中正拿着一本有关投资基金方面的书，双方很自然地就转入了有关投资的话题。汉斯特别开心，总算可以痛快地谈论自己感兴趣的投资了，因此就把自己的观念，以及现在的职业与理想都告诉了这位先生。这位先生静静地听着汉斯滔滔不绝的谈话，时间过得很快，飞机很快到达了目的地。临分手的时候，这位先生给了汉斯一张名片，并告诉汉斯，他欢迎汉斯随时给他打电话。

回到家里，汉斯在整理物品的时候，发现了那张名片，仔细一看，汉斯大吃一惊，飞机上邻座的先生居然是著名的投资基金管理人！自己居然与著名的投资基金管理人谈了两个小时的话，并留下了良好的印象。汉斯毫不犹豫，马上提上行李，飞到纽约。一年之后，汉斯成为了一名投资基金的新秀。

这个故事中，汉斯人生的改变来自于他和这位基金管理人的结识。但如果他没有下定决心再次寻找这位投资人，想必他还有可能在做着单调的财务工作，更不可能去实现自己的梦想。

可见，勇敢地尝试新事物，可以帮助我们发现新的机会，使你迈进从未进入的领域。生命原本是充满机会的，千万别因放弃尝试而错过机会。

事实证明，如果能够跨越传统思维障碍，掌握变通的艺术，就能应对各种变化，在变化中寻找到新机会，在变化中获取新利益。在我们的生命中，有时候必须做出困难的决定，开始一个更新的过程。只要我们愿意放下旧的包袱，愿意学习新的技能，我们就能发挥自己的潜能，创造新的未来。我们需要的是自我改革的勇气与再生的决心。

在第一次世界大战期间，法国有个很著名的上校叫泰勒，当时，他任第六师师长，他的处事方式很令人钦佩。

有一次，在他的儿子向他告别时，他告诫儿子说："孩子，记住：你的姓是泰勒，泰勒这个姓代表着做事能力。你永远不可以靠边站，让出路给其他敢于冒险的人走。你要冒险向前使他们让出路来给你走。"

接着，他继续说道："大街上行人拥挤，交通阻塞。但呼啸的消防车飞驰而过时，大家都自动地让出路来。当然你偶尔也会感到沮丧、软弱，但这正是你需要鼓起战斗勇气的时刻。只要你迈步向前，沮丧、软弱都会躲开你。"

一个人不愿改变自己，往往是舍不得放弃目前的安逸状况。而当你发觉不改变不行的时候，你或许已经失去了很多宝贵的机会。任何成功都源于改变自己，你只有不断地剥落自己身上守旧的缺点，才能做到敢为人先，才能抓住第一个机会，才能实现自己的进步、完善、成长和成熟。

另外，在你进行尝试时，难免会产生一种"不可能"的念头，对此，你必须从心理上超越它。只有这样，你才能站在高高的位置上，低头俯视你的问题。

总之，现代社会，没有超人的胆识，就没有超凡的成就。不敢冒险就是最大的冒险。勇于尝试才有做第一个成功者的机会。胆量是使人从优秀到卓越的最关键的一步。你需要勇气，需要胆量，你不是弱者，机会是给敢于迎接挑战的人！

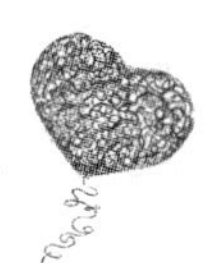

迈出平常人不敢迈的那一步

可以说，生活中，人们都想成功，但却很少有人愿意为成功付出努力。而那些成功者之所以会成功，是因为他们即使害怕也会行动，而大多数人正是因害怕而没有作为。约翰·沃纳梅克——美国出类拔萃的商业家这样说过："没有什么东西是你想得到就能得到的。"成功的人与那些蹉跎人生的人的最大区别，就是——行动！如果你能追溯那些成功人士的奋斗之路，你就会感叹："难怪他会做得这么好！"怎么样的行动能获得最大的成功呢？是马上行动！只要你敢于迈出别人不敢迈的那一步，你就能比别人快"半拍"，就能成为第一个吃螃蟹的人。

因此，我们每个人要想成功，就应该做到敢为人先，就要认识到行动的重要性。现代乃至未来社会，执行力就是竞争力，成败的关键在于执行。有个故事告诉了我们行动的重要性：

有一个穷和尚和一个富和尚都住在一个偏远的地方。一天，穷和尚对富和尚说："我想到南海去，您看怎么样？"富和尚说你凭什么去呢？穷和尚说："一个水瓶，一个饭钵就足够了。"富和尚说："我多年来就想租船沿长江南下，现在还没做到呢。你凭什么走？"第二年，穷和尚从南海归来，把去南海的事告诉了富和尚，富和尚深感惭愧。

人生目标确定容易实现难，但如果不去行动，那么连实现的可能也不会有。没有行动的人只是在做白日梦。所以心动不如行动，勇于迈出行动的第一步，你成功的机会就会提高；而光想不做，那你将永远没有实现计划的可能。

在科技发达的今天，谁要想比别人快半拍，方法众多，有些人采取的是技术领先，有些人胜在信息渠道众多。但无论如何，只要你在某一方面是他人无法企及的，你就掌握了取胜的武器。日本的索尼公司就是不断推出新产品，经常享受"垄断"所带来的厚利而成长起来的。

索尼公司从20世纪50年代中期开始成长。他们不断推出一些市场上不曾有过的产品，如晶体管收音机、晶体管电视机等。由于索尼公司对市场引导的先锋性，以至于每推出一种新产品，其他大公司都会静观其行，如果成功了，他们马上推出相似产品上市。如此，索尼公司更必须具有先锋性的创意，才保证有足够的发展动力。

某一天，索尼公司总裁盛田昭夫看到一个职员一手提着手提式录音机，一手拿着耳机，看起来不太开心，盛田昭夫问他有什么心事，他说："喜欢听音乐，可提着听太不协调了。"一个创意很快来到盛田昭夫的脑子里——制造一个随身能够听的录音机。在一次产品策划会议上，这个创意普遍不受欢迎，但盛田昭夫坚持尝试。不久，第一架带着小型耳机的实验品送来了，小巧的尺度与高品质的音效使他很开心。1979年索尼推出了第一台随身听。

很快，这种小型录音机供不应求。他们借助广告来刺激销售，而且试制了不同机型，如防水、防尘机型。著名指挥家卡拉扬、音乐名家史坦恩都找盛田昭夫订购。也许正因为如此，索尼公司才跻身于全世界最大耳机制造商之林，在日本也占有将近50%的市场。

这样一个全新的市场，还担心别人的竞争吗？在他人已经涉足甚至做得如火如荼的行业里努力，远不如独自开辟一个市场更容易成功。比尔·盖茨曾经说过："微软处处领先，盖茨能成为世界首富，靠的就是不断更新。我们要做第一个吃螃蟹的人，就要保证我们自己而不是别的什么人将我们的产品更新换代。对于一个企业来说如此，对个人来说也是如此。"

不难发现，我们生活的周围，很多人都对未来做出了各种各样的构想，但真正执行的人却少之又少。每每考虑到会有失败的可能，他们就退缩了。因为他们怕被扣上愚昧的帽子，遭到别人取笑；他们不敢爱，因为害怕不被爱的风险；他们不敢尝试，因为要冒着失败的风险；他们不敢希望什么，因为他们怕失望……这种可能会遇到的风险，让他们畏首畏尾，举步维艰，他们茫然四顾，不知道自己的出路在何方。殊不知，如果你连第一步都不敢迈出的话，你永远不可能看到追求人生目标之路上的风景。

杰克·韦尔奇曾如此说道：如果你有一个梦想，或者决定做一件事，

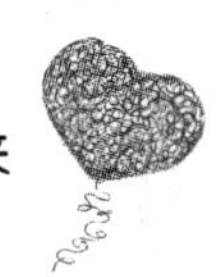

那么，就立刻行动起来；如果你只想不做，是不会有所收获的，而你也只会落得失望的结果。

人间的事情没有一件绝对完美或接近完美，如果要等所有条件都具备以后才去做，就只能永远等待下去了。如果一个人一直在想而不去做的话，根本成就不了任何事。

那么，从现在起，请记住下面两种想法：

（1）切实执行你的创意，以便发挥它的价值。不管创意有多好，除非真正身体力行，否则永远没有收获。

（2）遵从你内心的热情。如果你热爱什么，就大胆地去做吧。比如，在学习上，选择对你有意义并且能让你快乐的课，不要只是为了轻松地拿一个A而选课，或选你朋友上的课，或是别人认为你应该上的课。

总之，你需要记住，千里之行，始于足下；不积跬步，无以至千里；不积小流，无以成江海。凡事要想做大，都得从小处做起，从眼前最基本的事做起。如果一个人心里有远大的理想，却不愿意一步一步去努力，那他永远也不会有美梦成真的那一天。

女人何必要委屈自己

自小，女孩接受的教育就是要委婉得体，要顾全大局，渐渐地，女子初长成，便懂得了温柔恭俭让。长辈们看到这样乖巧懂事的女孩子，总是欢喜得不得了；男人看到这样的女人，也忍不住赞叹她的贤惠。

然而，当夜深人静，当我们静默自处时，我们依旧会无助茫然，“快乐”好像是久远的棉花糖，只留存在记忆里。已有多久，我们没有说出过真心话？已有多久，我们不敢做自己想做的事？已有多久，我们忍受了莫须有的责备？已有多久，我们明知无理，却强作欢颜？……有人说过：“当你的眼泪忍不住要流出来的时候，睁大眼睛，千万别眨眼，你会看到世界由清晰到模糊的全过程。心，则会在眼泪落下的那一刻变得清澈明晰！”那么这一刻，问问自己，你快乐吗？

在我们的记忆里，总是会有这样的片段，考学报志愿时，父母亲说这个学校好这个专业好，然后迷迷糊糊中，就违背了自己的初衷；工作两年时，男友说要结婚，要求我们换一份更安分更稳定的工作，于是又别别扭扭地去了莫名的机构上起清闲的班，成日与无所事事的老太太在一起；又或者是小孩要去补课，不得不放弃与多年没见的老朋友相聚的机会……那么多那么多的不得已，那么多那么多的妥协，最终，纵使曾有千般才华，也只能成为普普通通的中年妇女，提着环保袋逛超市的时候，你或者她，都没什么区别。

美国哲学家爱默生说：“人生中最好的礼物，就是你自己。”可是，生命中真正珍视自己的女人又有几个呢？波伏娃也曾说：“女人被家庭整合时，她对男人的魅力也就消失了。”是谁把女人变得如此碎琐平庸？是谁剪去了女人的翅膀？其实很多时候是我们自己。有时，只要我们多坚持一点，只要我们多争取一分，也许我们就可以更好地做自己，就可以更完满地保有我们天生的一些才情与魅力。但是很多机会，女人自己习惯性地放弃了，习惯性地委屈了自己。

生活的风浪总是无常，女人啊，与其把美好的愿望依托于别人，不如把命运掌握在自己手上，为自己打开一扇通向美好生活的心灵之门。倘若我们能以冷静的态度不断省思，不委屈自己，正视自己的生活状态，正视身边的每个人，我们就能活得更像自己。当风浪真的来临时，即便没有人拯救我们，我们自己也知道如何应对。

不委屈自己，还能避免心理失衡。太多女人，委屈到了最后，神经愈加纤弱，只要身边的人有一丝一毫不顺她的心，她就多疑猜忌，以为自己的努力全部付之一炬，抱怨自己白受了多少委屈。这样的受委屈，其实既失去了自我，又给对方增添了无形的压力与负担。女人的确是感性多过理性，因此我们更需要保持清醒地去尽力突破心理自役的弱点，学会微笑着从平淡中体味充实，从寂寞中体味宁静，学会平和地沟通与商量，学会平衡他人与自我。

人生的旅途，不过数十年光阴，这数十年的生活要怎样才能过得快

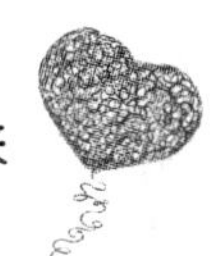

乐、过得幸福？虽然我们不能完全地操控命运，但是只要我们不再委屈自己，我们就能多拥有一点主宰自己生活的力量，我们的日子就会更加丰富而有色彩。一个总是委屈自己的女人，就是一个不懂得爱自己的女人；这样的女人，即便付出了所有，身边的人也是感觉负累多过感激，因为她的每一次付出，都是变相的索取。

女人不要委屈自己，不管生命的年轮画到了哪一笔，都应该给自己一个机会。不怕改变，不再委屈自己，对自己好一点，做自己的主人，你才会真正拥有豁然开朗的快乐，拥有实实在在的幸福。

女人在孤独中要会抚慰心灵

心灵需要汲取快乐，它需要呵护。孤独的时候去多挖掘能让你快乐的东西或者去想象除了让孤独吞噬外你还可以去做些什么。

女人的一生就是花开花落的过程，并不是每天都有阳光的滋润，也会有狂风暴雨，也会有阴雨绵绵。正如花儿一样，不是每一朵都会被绿叶簇拥。女人不能因为孤独而自卑，而是应该抚慰自己的心灵，善待自己。不要愁眉苦脸的认为自己是丑陋的，一笑之间百媚生；也不要总是把自己和男性绑在一起，细心的你静下心来会发现，原来自己有这么多优点，有时候“孤芳自赏”也是一种乐观的人生态度，你的魅力会因为你快乐的心而散发出来。

现代社会上出现了很多“剩女”，因为很多种原因没能嫁出去。看到身边的女友们都风风光光地结婚了，而自己还是孤身一人的时候，她们便急急躁躁 ，不知如何是好。其实这时候女人应该静下来想：何必急着嫁呢，万一嫁的不合适呢？我还没嫁出去是因为没找着合适的，慢慢来，婚姻大事不能急。

心灵是需要快乐来浇灌的，孤独的时候应多去寻找能让你快乐的东西，而不能让孤独所吞噬。

20岁的小邓考上了加拿大多伦多国际学院。对于从未出过远门的她来说，这意味着要结束受父母呵护的生活，要一个人坐飞机，一个人去学校报到，一个人在异国他乡求学。

父母忧虑是不是该让这么小的女孩子一个人出远门，但小邓坚决要去，她说："这么好的机会是很难得的，很多人想争取这个公费名额都没拿到，我怎么能畏首畏尾，因为一些个人原因而放弃这次机会呢？"父母觉得她的话也对，孩子总不能一辈子在父母的庇护下生活吧，她总要面对这个社会的。

那天，她一个人上了飞机，飞机舱门关闭的那一刻，她真的哭了。她将很久见不到父母，学校完全是一个陌生的环境，什么都得靠自己。还有，学校的同学好不好，能不能适应加拿大的生活都是问题。

但她是理智的，她告诉自己，这将是一个完全不同的体验，勇敢面对吧。

的确，和她想象的一样，她在学校很孤独，虽然还能和以前的同学联系上，但那种真切的感觉是没有的。班级里面有很多留学生，他们来自很多不同的国家，虽然他们是比较友好的，但语言的不通还有民族上的差异，她一时间真的没办法适应这样的生活。电话里，母亲经常问她还习惯不，她都开心地告诉她她在学校很好。当然这种开心是装出来的。

刚开始，她听不进去课，学习效率很低，一个人总是垂着头，每天除了看小说就是上网。日子也就一天天过去了。期中考试，她居然没及格。这对于一向要强的她无疑是个打击，而且，这也把她作为一个中国人的自尊伤害了。

那天晚上，她一个人来到公园，她明白是时候找一个解决的办法了，一直这样消沉是不行的，如果这样下去，还不如待在国内，学的还会多一点。虽然孤独，但似乎还有更多重要的事情要做。很多课程都还要学，孤单也许还能促进学习，安静能给自己一个良好的学习空间。

万事开头难，她是个有心人。从那天开始，她就努力学习，把自己埋在书海中，后来他以优异的成绩毕业了。归国后，在她本专业享有很高的声誉。

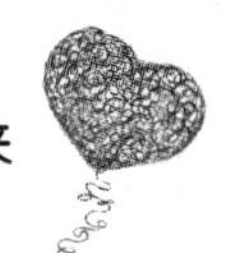

这样一个小小年纪的女孩，在孤独的生活环境中都能安慰自己，寻找到了孤独以外的生活方式，那么很多成熟的女性已经经历了很多她没有经历的人生经验，更应该明白以一个积极的心态面对孤独的意义。

孤独是暂时的，面对孤独，女人的心态一定要摆正。不管是什么样的孤独形式，是失去亲人的孤独也好，是情感世界的孤独也好，持有积极的心态是非常重要的；不要长时间地活在孤独的阴霾中，要学着去抚慰心灵。

真正的孤独是心灵上的孤独，即使成天和众人一起出入，心灵的封闭才是孤独的。而即使你处在一个荒无人烟的地方，如果你能够抚慰心灵，你也会很快乐。三毛说，自己永远是自己最好的朋友。一个人的世界也是美妙的，只要你能抚慰心灵，女人在孤独的时候也同样是快乐的。

第11章 接受现实：不是生活艰难，而是你的脚步不从容

生活中，人们常常祝福他人万事如意，然而，这只是人们的美好愿望。人生的道路崎岖不平，总是充满着各种艰难，一些人做着自己不喜欢的工作，兴趣和工作难以统一；一些人和不喜欢的人在一起生活，婚姻和爱情不能统一；一些人能力和潜力都无法得到充分发挥等。人们都在感叹生活不如意，但其实并不是生活艰难，而是我们的脚步不从容。现实中总有太多的不完美、不如愿、不尽人意。因此，我们不妨调整心态，正视这些遗憾，把缺憾当做朋友，这样，我们的人生才会圆满。

人生原本艰难，不必相互为难

我们都知道，身为社会的人，我们难免要与人打交道，也就难免要产生摩擦、误会、睚眦，此时，如果我们多体谅、包容他人，那么，彼此就能相视一笑；而如果我们“得饶人处不饶人”，那么，只能加大彼此间的矛盾，甚至产生仇恨。

有人说，人生原本艰难，又何必为难彼此？的确，宽容是人类的美德，更是一种最为宝贵的意识。人类社会的任何组织，小至家庭，大至社会、国家，要和谐共存，都离不开这个“宽容”的意识。

古人云：冤冤相报何时了，得饶人处且饶人。这就是一种宽容，一种心胸宽大的表现。自古以来，宽容就被人们奉为一条至高的做人原则，也是中华民族传统美德中最推崇的一部分。生活中的每一个人，你也要时刻记住宽容为不可或缺的美德，即使与自己的对手较量，也一定要心胸宽阔，容人之不能忍，才能成就非凡的品质。有时候，包容他人，给别人一次机会，也就是给自己机会。

一次，楚王邀请群臣来喝酒，席间，为了助兴，楚王叫来了自己最宠爱的两位美人许姬和麦姬轮流向各位敬酒。

因为是在室外举办的宴会，所以，当一阵狂风吹来时，在场的所有灯笼和蜡烛都被吹灭了。此时，一个好色的官员趁机摸了许姬的玉手。许姬当然本能地甩了一下手，谁知道，这下子，她一不小心扯掉了这位官员的帽带。然后她匆匆回到座位上并在楚王耳边悄声说："刚才有人趁机调戏我，我扯断了他的帽带，你赶快叫人点起蜡烛来，看谁没有帽带，就知道是谁了。"

楚王听了，并没有责备那位官员，而是立即令人先不要点蜡烛，并对在场的所有人说："我今天晚上，一定要与各位一醉方休，来，大家都把帽子脱了畅饮一场。"

有了楚王的命令，大家也只好脱了帽子，自然也就看不出是谁的帽带断了。后来楚王攻打郑国，有一猛将独自率领几百人，为三军开路，斩将过关，直通郑国的首都，而此人就是当年揩许姬油的那一位。他因楚王施恩于他，而发誓毕生孝忠于楚王。

"人非圣贤，孰能无过。"很多时候，我们放他人一马，就是给自己创造机会。很多时候，我们都需要宽容，宽容不仅是给别人机会，更是为自己创造机会。

的确，在我们与朋友交往的过程中，难免会遇上令人难以忍受的事情，也难免会产生一些摩擦；此时，如果我们凡事好争斗，非得争个是非对错，甚至得理不饶人，那么，长此以往，你的朋友必将远离你。我们不得不同时承认，很多朋友之间的友情就是由于无法彼此互相谅解和宽容而土崩瓦解了，让人为之叹惋！而当我们以宽容的心来对待时，我们的朋友就会被我们高贵的品质、崇高的境界以及人格力量所折服，彼此之间的友谊就会更加牢固、长久。不过，宽容我们的对手说起来简单，做起来并不容易。因为任何宽容都是要付出代价的，甚至是痛苦的代价。

其实，不仅与朋友相处需要一颗谅解的心，即便与你的对手较量，也不必要把事做绝。俗话说："兔子急了也咬人"，你把别人逼得没有丝毫退路，对方除了奋力反击之外还能有什么选择？可见，对于我们的竞争对手或敌人，倘若我们能为对方留一条退路，那么，对方必定能感受到你的宽容。无疑，这是我们种下的善果，他日，对方必定也会为你留一条后路。

为了培养和锻炼良好的心理素质，生活中的人们，你要勇于接受宽容的考验，即使感情无法控制时，也要管住自己的大脑，忍一忍，就能抵御急躁和鲁莽，控制冲动的行为。对此，你需要做到：

1. 设身处地地从对方角度考虑问题，做到求同存异

宽容就是一种意见的保留，就是不勉强他人。从心理学角度，我们每个人的任何一种想法的产生，都是有理由的。如果你的想法与他人不同，那么，你应该多了解对方的这种想法的产生的根源，这样，你就能够设身处地地从对方的角度考虑问题了。

2. 用爱心包容别人

"包容"，归根结底，根源于爱和理解。只有心中有爱，我们才能以同情的态度对待他人，才会充分尊重他人的立场和见解。只有爱，才能消除彼此的敌视、猜忌、误解；而爱的荒芜和消亡，将使最亲密的人彼此伤害、仇视以至兵戈相向。

3. 学会求同存异

当你与他人产生一些分歧时，不要显示你的嘴上功夫，将对方说得一无是处，甚至将对方贬低，这样做，只会恶化你们的关系。任何人都有自己的人生观、价值观等，对同一件事，自然也会有不同的看法。俗话说："对事不对人"，有意见可以保留，但不能贬低他人。

总之，宽容是一笔财富，拥有宽容，是因为拥有一颗善良、真诚的心。这是易于拥有的一笔财富，它会在时间的推移中升值；它是一盏绿灯，帮助我们在工作中通行。选择了宽容，其实便赢得了财富。

拿得起前，先要学会放得下

我们都知道，执著是一种良好的品质，是认准了一个目标不再犹豫坚持去执行，无论在前进中会遇到任何的障碍，都绝不后退，努力再努力，直至目标实现。因此，历来执著都被公认为一种美德。然而，过分执绝就变成了固执，这是一种弊病。固执的人之所以固执，是因为他们对于自己要做的事心存执念，他们认准了目标后便不再回头，撞了南墙也不改变初衷，直至精疲力竭。因此，有时候，要想重新审视自己的行为，在拿得起前，你先要学会放得下，放下那些无谓的执念，我们才能释怀，才能活得坦然。

有这样一个故事：

每天的同一时间，一辆豪华轿车总会穿过纽约市的中央公园。车里除了司机，还有一位无人不晓的百万富翁。百万富翁注意到：每天上午都有位衣着破烂的人坐在公园的椅子上死死地盯着他住的旅馆。

一天，百万富翁对此产生了极大的兴趣，他要求司机停下车并径直走到那人的面前说："请原谅，我真的不明白你为什么每天上午都盯着我住的旅馆看。""先生，"这人答道，"我没钱，没家，没住宅，只得睡在这长凳上。不过，每天晚上我都梦到住进了那所旅馆。"百万富翁听了以后，对他说："今晚你一定能如梦以偿。我将为你在旅馆租一间最好的房间，并付一月房费。" 几天后，百万富翁路过这个人的房间，想打听一下他是否对此感到满意。然而，出人意料的是，这人已搬出旅馆，重新回到了公园的凳子上。

当百万富翁问这人为什么要这样做时，他答道："一旦我睡在凳子上，我就梦见我睡在那所豪华的旅馆里，妙不可言；一旦我睡在旅馆里，我就梦见我又回到了冷冰冰的凳子上，这梦真是可怕极了，以至于完全影响了我的睡眠！"

是啊，贫穷与富裕的生活，都有它的得失，每一种生活都有各自的得与失，正如俗话所说："醒着有得有失，睡下有失有得。"所以我们应该正视人生的得失。世间万事万物，来来去去，本就没有一个定数。我们不能左右世事，但可以左右自己的心。当我们拥有时，我们要懂得珍惜；失去时，也不可过分执著。人有悲欢离合，月有阴晴圆缺，以一份淡然的心面对，我们的心才会释然很多。

有人说，人的心像大海，可以容纳波涛和沙粒，也会变得杂乱无序；有狂风暴雨时凌乱起来，接着惊涛骇浪、海潮就会接踵而来。我们的心也一样，担忧多了，烦劳多了，包袱重了，我们就没有时间和心情去体会生命中的那些简单的快乐和美好。其实很简单，快乐就是一颗水珠，她可以是早上晶莹的露水，也可以是一朵跳跃的浪花，还可以是一颗感动的泪水。所以，心累与不累，快乐与不乐，都取决于自己的心境；心态好，则轻松快乐多一些；心态不平静，则会怨天尤人，抱怨和憎恨就会充斥着心灵。生活中的我们，不妨学会放下世俗的偏见，放下得与失给自己带来的困扰，给心灵一个干净、朴实、美丽的空间。

的确，人世间的一切，无论成败得失，花开花落，荣辱功过……无数人为了这些前呼后继而呕心沥血、殚精竭虑、机关算尽，但到最后，他们才发现，原来一切都是过眼云烟，最终都化为尘土，随风飘去了，留下的还能有什么呢？似乎都没有发生过。放下束缚心灵的负担，轻松愉快地走过这短短几十年的人世光阴，才是我们生命最本质和简单的诠释！

晋代的陶渊明在为官数十年之后，认识到官场的黑暗，于是，他最终弃官，归隐田园。虽然没有了生活的富有，但他却感觉得意和轻松，毫无遗憾和留恋。“采菊东篱下，悠然见南山。”就是他精神上的自由的最好写照。他这种洒脱的人生态度，千百年来，令多少人“高山仰止，心向往之”。

人的一生需要我们放下的东西很多。古人云：鱼和熊掌不能兼得。如果不是我们该拥有的，那么我们就得学会放下。人生注定要经历多姿多彩的风景，唯有放下具有别致的风韵。过去常听人说，人要懂得放弃。放弃是对事物的完全释怀，是一种高妙的人生境界。而放下则更具有一丝丝缕缕的难舍情怀，是一首悠扬的乐曲，在每个人的心底奏起。

其实，生活中的我们也应该想一想，我们是否也心怀执念而让自己钻

入了死胡同。人应该执著，但不应该错误地坚持一种想法。有时候，你可能没意识到的是，你坚持的想法是虚妄的。因此，我们应当学会放下，找到新的出路，重新审视自己的生活。

古人云：无欲则刚。真正的放下，才是一种大智慧、一种境界。因为不属于我们的东西实在太多了，只有学会放弃，才能给心灵一个松绑的机会。表面上看，放下了就意味着失去，所以是痛苦的；然而，如果你什么都想要，什么都不想放下，那么，最终你什么都得不到。人生苦短，无非几十年，有所得也就必有所失。只有我们学会了放弃，我们才会拥有一份成熟，才会活得坦然、充实和轻松。

饶恕别人就是放过自己

人生苦短，幼时不知世故、青葱茫然四顾；青年为前程奔波、中年为生活所累；春去秋来老将至，病痛又不邀而至……我们的一生始终没有停止过变化。然而在这短短的人生旅途中，有多少人心怀怨恨地生活着？不是怨恨同学就是怨恨同事或是怨恨亲朋，我们每个人的胸膛里都是熊熊的怨恨之火，有时候一丁点的小矛盾引发的怨恨就会导致灭顶的灾害。如果真的能够抛掉这许多的怨恨，以博大的胸怀去宽容别人原谅别人，才可能拥有一种很高的人生境界。

的确，人生在世，孰能无过？我们总是在埋怨、记恨他人，心里总是有放不下的结。然而，如果你想拥有一个成功的人生，就要学会原谅别人的错误，别让埋怨埋葬了你。不原谅的本质是，用别人的错误来惩罚自己；而原谅别人正是爱惜自己的做法。

有一天早上，在一所寺庙里，一位法师正好要开门出去，恰巧一个彪形大汉闯进来，狠狠地撞在法师的身上，并撞碎了法师的眼镜。谁知，这个大汉不但没有说道歉的话，反倒说：“谁叫你戴眼镜的？”

让大汉奇怪的是，法师不但没有生气，反而笑了笑，不语。于是，他

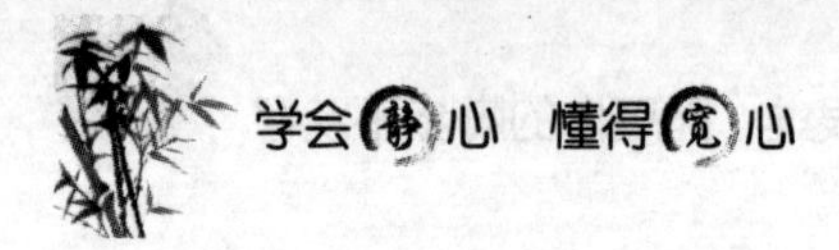

问："喂！和尚，为什么不生气呀？"

法师向大汉解释道："为什么一定要生气呢？生气既不能使眼镜复原，又不能让脸上的淤青消失、苦痛解除。再说，生气只会扩大事端，若对你破口大骂或打斗动粗，必定会造成更多的业障及恶缘，也不能把事情化解。"随后，法师继续说："若我早一分钟或迟一分钟开门，都会避免相撞，或许这一撞也化解了一段恶缘，还要感谢你帮我消除业障呢。"

大汉听完这一番话后，十分感动。后来，他又问了许多佛的问题及法师的称号。在大师的一番教导之后，他若有所悟地离开了。

事情过了很久之后，一天法师接到一封挂号信，信内附有五千元钱，正是那位大汉寄的。

大汉为什么要给法师寄钱？原来，事情是这样的：大汉在读书时，不知勤奋努力，毕业之后，从事工作时也一直高不成低不就，令他十分苦恼。结婚后，因为不善待妻子，婚姻生活也不幸福。果然，有一天，他上班时忘了拿公事包，中途又返回家去取，却发现妻子与一名男子在家中谈笑。他冲动地跑进厨房，拿了把菜刀，想先杀了他们，然后自杀，以求了断。

不料，那男子惊慌地回头时，脸上的眼镜掉了下来，瞬间，他想起了师傅的教诲，使自己冷静了下来，反思了自己过错。

现在他的生活很幸福，工作也得心应手了，妻子也觉得他像变了一个人。因此，他特地寄来五千元钱，一方面为了感谢师父的恩情，另一方面也请求师父为他们祈福消业。

法师的宽容带给了大汉觉悟，教会了他用一颗宽容的心去对待别人。宽容是一条环环相扣的纽带，让我们彼此相连，让我们认清彼此，珍惜生命。宽容不仅需要"海量"，更是一种修养促成的智慧，事实上只有那胸襟开阔的人才会自然而然地运用宽容。

日常生活中，令人烦恼的事情时有发生。有时不经意间，它都会突然出现在你面前，使你感到不快、厌烦；有时，还可能在你的心灵深处造成重创，甚至威胁你的生活。面对这些，你该如何对待呢？

第一，换位思考，理解他人。

同是一朵花摆在面前，会有“花谢花飞飞满天，红消香断有谁怜”的感怀，也会有“落红不是无情物，化作春泥更护花”的深刻。同是一轮明月挂在夜空，张若虚会吟出“江畔何人初见月，江月何年初照人”的思索，李太白会叹出“床前明月光，疑是地上霜”的乡愁。你能苛责寄人篱下的林妹妹的伤怀，还是否认落红护花的事实？你能责怪张若虚是无病呻吟？能不屑太白的乡情？恐怕都不能。同样，对于他人的过错，在我们看来，可能令人无法原谅，但如果我们站在对方的角度考虑，可能你会发现，原来也是情有可原。

第二，将自己的注意力从别人的错误身上转移，而关注自己内心的感受。

其实，我们自己都清楚，我们是否原谅别人，只会对我们自身产生影响，我们会变得愤懑、痛苦，而对方却没有这样的感受。如果我们懂得爱惜自己，那么，就要懂得原谅，生气其实就是对自己的一种折磨。是否原谅，表面上看是个包容和胸襟的问题，其实，它是一个懂不懂得自爱的问题。在这样的一个社会当中，我们必定会受到别人的很多欺负、伤害、冤枉，但我们千万不要伤害自己。

从另外一方来说，对于犯过错、已经悔过自新的人，如果不懂得宽容他们，而是继续以一种另类的责备的眼光看待他们，给他们贴上“罪人”的名片，那么，在全盘否认别人的同时，你得到了什么？而如果选择原谅，情况则会循着一条神奇的轨迹转变。当我们改变了，别人也会跟着变；我们改变待人的态度，别人也会调整他们的行为；在我们修订对事物观点的同时，别人也会随着我们的新期望做出反应。

有人曾说，世界上最宽阔的是海洋，，比海洋更宽阔的是天空，比天空更宽阔的是人的胸怀。宽容是一种高尚的善意，他能使人换位思考，处理好人际关系。若无宽恕，生命将被永无休止的仇恨和报复所控制。只有善于团结，才会得到友善的回报！

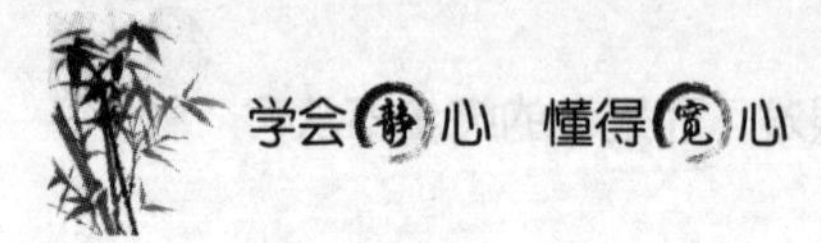

想法太多，反而是一种负累

人的一生，要经历很多的人和事，不管我们愿不愿意，这些人和事，都会或多或少地在我们的心中产生挂牵。对于过去，我们常常会感到后悔；对于现在，我们也会经常陷入迷惘；对于还没有来到的，我们则会有太多的想法。如此，快乐总是与我们擦肩而过。

其实，人生幸福最大的敌人就是想法太多、患得患失，在这种心理的支配下，得到了会担心什么时候失去，就会千方百计地保住手里的东西；失去了又会心有不甘，就要处心积虑地想着如何再赚回来。如此每日忧心忡忡、殚精极虑，又怎么能享受那份轻松的快乐呢?

不得不承认的是，我们每个人都要对生活、对人生有想法，毫无目的的人生显然是浑浑噩噩的。只是如果我们想法太多，那就会给自己带来更多的困扰。这些困扰就像是一块块压在心头的巨石，让我们的心逐渐变得冰冷而又僵硬，快乐也会随之离我们远去。那么，幸福、快乐的生活蓝图又是怎样的呢?

从前，有两位孪生姐妹，姐姐嫁给了一个有钱人，过上了锦衣玉食的生活，但她似乎并不快乐；妹妹则嫁给了一个豆腐作坊的穷人。有一天，闲来无事的姐姐想去看看妹妹过的怎么样。来到妹妹家，她看到妹妹正在辛勤劳作，但却还唱着歌儿。姐姐恻隐之心大发，说："你这样辛苦，只能唱歌消烦，我愿意帮助你，让你们过上真正快乐的生活，谁让我们是姐妹呢？"说完，她放下了一大笔钱送给妹妹。

这天夜里，姐姐回到家后，躺在床上想："妹妹不用再这么辛苦做豆腐了，她的歌声会更响亮的。"

第二天一早，姐姐又来到作坊，但却听不到妹妹的歌声了。她想，妹妹可能激动得一夜没睡好，今天要睡懒觉了。

但第二天、第三天，还是没有歌声。姐姐好奇怪。就在这时，妹妹拿着姐姐给自己的钱，着急地对姐姐说："我正要去找你，还你的钱。"

姐姐问："为什么？"

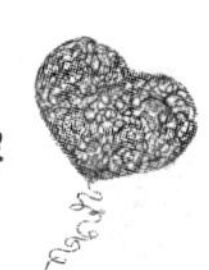

“没有这些钱时，我每天做豆腐卖，虽然辛苦，但心里非常踏实。每天晚上，能和丈夫、孩子一起数今天赚了多少钱。而自从拿了这一大笔钱，我和丈夫反而不知如何是好了——我们还要做豆腐吗？不做豆腐，那我们的快乐在哪里呢？如果还做豆腐，我们就能养活自己，要这么多钱做什么呢？放在屋里，又怕它丢了；做大买卖，我们又没有那个能力和兴趣，所以还是还给你吧！”

姐姐非常不理解，但还是收回了钱。第二天，当他再次经过豆腐坊时，听到里边又传出了小夫妻俩的歌声。这时，她似乎知道为什么妹妹过得比自己幸福了。

听完这个故事，可能有些人有所感悟。的确，金钱、权利、地位都不是我们幸福的源泉。换个思维方式，其实，简单、平淡的生活就是对幸福的诠释，专注体会身边的幸福生活，并不断感悟，我们的幸福指数才会不断上升。

《飘》的作者玛格丽特·米契尔曾说过：“直到你失去了名誉以后，你才会知道这玩意儿有多累赘，才会知道真正的自由是什么。”的确，在那光鲜靓丽的外表里，在闪烁的灯光下，是一颗无法言语的疲惫的心。因此，幸福，它不是千金的财富，不是受人注目的地位。幸福是属于你自己的，如果你总是认为爱人赚的钱没有别人多，待遇没有别人好，孩子没有别人聪明，日子过得没别人滋润，那么你就感受不到幸福。而如果你把关注点放在家人的健康、有衣穿、有食物吃，一家人能够每天聚在一起吃饭，那么你就会觉得幸福。的确，关于幸福，变个思考的方式，一切就会不同。

可见，快乐源于简单，想得多了，快乐便少了。心无挂碍，就能让我们放下一切多余的负担，与快乐结伴同行。那么，现实生活中的人们，我们该如何放下那些太多的想法、专注于眼前的幸福呢？

首先，你需要看淡权力、地位。

德国精神治疗专家麦克·蒂兹说：“我们似乎创造了这样一个社会：人人都拼命地表现，期望获得成功，达不到这些标准心里便不痛快，便产生耻辱感。”细究我们苦恼的原因，更多的是由于在现代的“嗜欲场”

上，“肝肠”不是太“冷”，而是太“热”——太热衷于金钱、财富、地位、名声这些所谓“成功”的标准。达不到，就苦恼；什么程度算达到，自己也搞不清，因此只有永远苦恼下去……而学会以淡泊之心看待权力地位，这是免遭厄运和痛苦的良方，也是超然于世外的智慧。对这类苦恼，要想摆脱它，就要把名利、把世俗眼中所谓的“成功”看淡一些，就像明代文学家屠隆讲的：“嗜欲场上，肝肠欲冷。”

其次，你要让自己成为一个有价值的人。

爱因斯坦说：“不要努力成为一个成功者，要努力成为一个有价值的人。”英国作家王尔德说：“人真正的完美不在于他拥有什么，而在于他是什么。”新时代的人们都要努力为社会、为国家创造价值。比如，对于个人来说，过多的财富是没有多少用的，而为社会创造财富，并把多余的财富贡献给了社会，这就能体现我们的价值。

可见，生活中的人们，如果你不想被芸芸众生所淹没，那就要保持一颗区别于世俗的心。乐于淡泊，安于淡泊，并不表明拥有超凡脱俗的境界，而只是自己一种固有的生存方式的自然呈现。淡泊名利，你也就远离了苦恼，得到了幸福。

祸福相倚，幸福需要把眼光放远

生活中，世事难料，因为任何事情都有一个变化发展的过程，此刻不如意并不代表你一生不幸福；人生充满得失，此时你满面春风并不代表你一生顺利。虽然我们不能掌握变化无常的事态，但我们可以掌控自己的心态。“不以物喜，不以己悲”这种淡定通达的心态，正是现代人要追求的。

《老子》五十八章中讲道：“祸兮福之所倚，福兮祸之所伏。孰知其极，其无正。正复为奇，善复为妖。人之迷，其日固久。”意思是，无论遇到什么事，都不要沉迷于单向度的追求，而是要了解相依转换的道理，

然后调整心态，走上自立自足的生活。祸福本身就是转换的，因此，不管你现在得到了什么，失去了什么，都不要纠结于一时，获得幸福需要我们把眼光放远。心态是自己选择的，祸会转化为福，福也会转化为祸；何必不敞开心扉，坦荡地面对呢？

“塞翁失马，焉知非福”的故事，我们已经了熟于心：

从前，在中国的边塞，有个智者，大家都叫他塞翁。

有一天，塞翁的马从马厩逃出去了，并跑到了胡人境内，很明显，这匹马就是别人的了。邻居们纷纷过来，向塞翁表达悲哀之情，但塞翁一点都不难过，反而笑笑说：“我的马虽然走失了，但这说不定是件好事呢！”

又过了几个月，这匹马居然自己跑回来了，而且还跟来了一匹胡地的骏马，这不是意外之财吗？大家都过来向他道贺，塞翁这回反而皱起眉头对大家说：“白白得来这匹骏马恐怕不是什么好事喔！”

塞翁有个儿子很喜欢骑马，有一天，他心血来潮，要骑这匹“外来马”，结果一不小心从马背上摔下来跌断了腿，邻居们知道了这个意外又赶来塞翁家，慰问塞翁，劝他不要太伤心。没想到塞翁并不怎么太难过、伤心，反而淡淡地对大家说：“我的儿子虽然摔断了腿，但是说不定是件好事呢！”

儿子摔断了腿，塞翁居然认为是好事，邻居每个人都莫名其妙，他们认为塞翁肯定是伤心过头，脑筋都糊涂了。过了不久，胡人大举入侵，所有的青年男子都被调去当兵。胡人非常的剽悍，所以大部分的年轻男子都战死沙场，塞翁的儿子因为摔断了腿不用当兵，反而因此保全了性命。这个时候邻居们才体悟到，当初塞翁所说的那些话里头所隐含的智慧。

塞翁的确是个智慧的老人，他就懂得“福祸相倚”的道理，因此他既不以福喜，也不以祸忧。后来这个故事在人间流传了几百年，成为人们经常规劝他人的一个成语：指祸与福相因而生，互相转化；虽然一时受到损失，反而因此能得到好处。也指坏事在一定条件下可变为好事。

古时，尤其那些身为性情中人的文人骚客，情绪变化更是为人所不能掌控，王羲之的《兰亭集序》中就有此类心情的记载：此时的“是日也，天朗气清，惠风和畅。仰观宇宙之大，俯察品类之繁，所以游目骋怀，足以极视听之娱，信可乐也”快乐心情，突然能直转急下，变成“快然自足，不知老之将至”之时，这是真正的乐极生悲，不得不让人也为之心痛！事实上，这并不是我们应效仿的处事方式，但因“乐极”而“生悲”的事情生活中每天都在发生着。乐极生悲一语在中国几乎妇孺皆知，但一般人对它的理解，往往是因快乐过度而忘乎所以、头脑发热、动止失矩，结果不慎发生意外，惹祸上身，化喜为悲。

可见，生活中，无论遇到什么事，心态一定要调整好，应随时随地、恰如其分地选择适合自己的态度和位置，既不以福喜，也不以祸忧，才能在事情的起承转合上控制好！

另外，我们还需要明白的是，当我们需要抉择时，绝不能因为害怕失去而不敢决定，也要调整好心态。

《孔子家语》里记载：

一天，在众随从的陪同下，楚王出游。半路上，他丢了弓，随从说要去找，但楚王却说；“不必了，我掉的弓，我的人民会捡到，反正都是楚国人得到，又何必去找呢？”

后来，孔子听说此事，很感慨地说：“可惜楚王的心还是不够大啊！为什么不讲人掉了弓，自然有人捡得，又何必计较是不是楚国人呢？”

“人遗弓，人得之”应该是对得失最豁达的看法了。就常情而言，人们都是有喜怒哀乐的，在得到一些利益或者遇到愉悦之事时，他们大都会喜不自胜，甚至得意洋洋；而在失意之时，却表现出懊恼、痛苦的情绪。而那些内心豁达的人却能看淡得失、功过荣辱，无论遇到什么，他们都能做到心平气和、冷静对待。

总之，生活中的人们，对于得失，要学会用超越时间和空间的眼光去观察问题，要考虑到事物有可能出现的极端变化。这样，无论福事变祸事，还是祸事变福事，都有足够的心理承受能力。

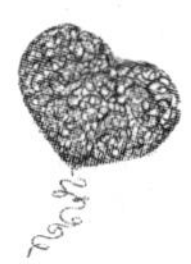

再苦也要笑一笑

生活中，我们经常听到周围的人说 “相和气生财” “家和万事兴”之类的人生真谛，这些都充分说明了一个道理：因果相联，只有时时保持一种积极的人生态度才有获取成功的希望。新时代的人们，我们也只有始终保持积极阳光的心态，才能获得幸福的人生。无论你遇到多大的挫折，都必须勇于承担，用乐观积极的心态去面对，即使心里再苦，也要充满阳光地微笑。因为任何人的一生，都需要我们用心来描绘，无论自己处于多么严酷的境遇之中，心头都不应为悲观的思想所萦绕，应该让自己的心灵变得通达乐观。罗根・史密斯说过这样一段话，言简意赅，他说：“人生应该有两个目标，第一是，得到自己所想的东西；第二是，充分享受它。只有智者才能做到第二步。”

奶茶刘若英是个典型的不以美貌成名的歌手和演员，她淡淡的气质和婉转的歌声都很深入人心。可是我们可能不知道她出道前的那段艰苦的日子。

出道之前，她曾经在唱片公司做了三年的小助理。助理的工作很辛苦，也很琐碎，背吉他、买盒饭等杂活她都要做。“当时真的很辛苦，也常常身上没有半毛钱。”刘若英说。有一天半夜要回家，却发现没钱坐车回家，只好拿着提款卡去取钱。第一次按五百元显示“余额不足”；第二次按一百元还是一样的命运，最后才发现自己的总财产只有九十七元。最艰难的时候，她竟然连吃盒饭的钱都没有了。可是刘若英说：“正是那些人生和事业的低谷，更让我懂得珍惜自己要面对的每一部戏和每一首歌。每一道伤痕都是我的一种骄傲。”

的确，每个人都会遇到挫折与失败以及不幸的经历，但以什么样的心态面对，不仅决定了他最终的成败与否，更决定了别人对他的看法。一个坚强、不屈服的人总是令人那么敬佩，不知不觉，我们会被其这种顽强的毅力所折服，刘若英就是这样的一个人。而如果你一遇到挫折与困难，不是躲避就是哭泣，那么这样的人就是懦弱的，当别人“借给你肩膀依靠”

或者安慰你时，也在心底产生了这样的想法：果然是一个不成熟的孩子，这么点挫折都受不了！

我们需要明白的是，一个成熟的人是应有一定的承受挫折的能力的，无论前面是什么路，都应该勇敢地自己走下去。可能有的时候你会对灾祸和挫折心存侥幸，总是会想，概率这样小的事情，怎么会发生在我身上呢？但是纵使挫折发生的几率是百分之一，而这百分之一落在你的头上就是百分之百。有一位作家说过："顺利是偶尔的，挫折才是人生的常态。"人生的路上，避免不了遇到挫折，战胜挫折、赢得别人的尊重，就必须拥有一个积极的心态，这相当重要，乐观的心态总会引领着处在挫折中的人们逐渐走向光明。其实困难就是纸老虎，战胜它最好的办法就是藐视它，你越是看重它，它就越发地淘气捣乱让你不好过；你若是看轻它，不把它当回事，它也就不敢和你挑衅了。

当然，在挫折和失败面前，我们难免会产生一些不良情绪，但我们必须及时调整，用微笑的面孔重新迎接生活。具体说来，你可以这样做：

第一，换个角度思考挫折，寻找快乐之源。

挫折和失败的确会让人丧失积极性，但同时，却是你成长路上的必经过程，挫折能促使你成长。因此，从另一个角度思考，你应该感谢挫折，用这样的心态思考的话，也就能摆正心态了。

有一个老太太很不快乐，为什么不快乐呢？因为她忧虑、焦虑她的两个儿子。她有两个儿子，一个儿子是卖伞的，一个是染布的。天下雨，她焦虑，为什么？天下雨了，我的大儿子的布怎么晾得干啊？他不是染布的吗？天晴了，我的二儿子的伞怎么卖得出去啊？下雨她焦虑，出太阳她也焦虑，什么都焦虑，她就焦虑出病来了。有一个智者对她说，你换一种思维吧，天下雨你高兴，因为我二儿子的伞卖得出去；天晴我也高兴，因为我大儿子的布晾得干。这样我都高兴：下雨也高兴，出太阳也高兴。

这就是换位思考的结果。换一种思维，就能把不快乐变成快乐，也就能微笑面对挫折。

第二，克服懦弱，提高修养。

提高修养本身就是在克服懦弱的习气。当你遇到挫折和困难时，在不

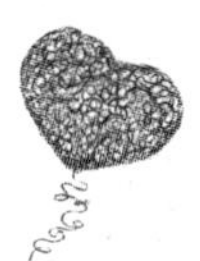

良的习气面前，你若能及时地加以克制，那么这证明你本身就具备一种魄力，也只有这样，才能避免做出不理智的事来；而如果你不能自主地克制而迁就于它的话，就是懦弱。

第三，培养情商，积极进取。

法国作家莫泊桑有一句名言：人是生活在希望中的。情商高的人有很高的上进心、进取心，总是对未来充满希望，即对未来、对社会、对祖国、对民族、对单位、对自己、对家庭、对人生都充满希望。

总之，在困难和挫折面前，要坚强，我们要把自己坚强的一面展现出来，即使心里再苦，也要阳光般地微笑。“黯然神伤时，则所遇尽是祸；心情开朗时，则遍地都是宝”。如果你想获得幸福的话，就坚强一点吧！

熄掉内心中烧的妒火

人与人相处，难免会相互比较，比较之下，就容易产生嫉妒心理。日本《广辞苑》为嫉妒下的定义是：“嫉妒是在看到他人的卓越之处以后产生的羡慕、烦恼和痛苦。”要知道，嫉妒之心会毁坏友谊，损害人际关系，甚至毁灭了生活的安逸。美国著名心理学家布鲁纳曾经指出，好胜的内驱力可以激发人的成就欲望，但如果不能正确地认识竞争就会导致人们在相互竞争中产生嫉妒心理。嫉妒过于强烈，任其发展，则会形成一种扭曲的心理：心胸狭窄，喜欢看到别人不如自己，并喜欢通过排挤他人来取得成功。有这样一则寓言故事：

有只鹰它妒忌另一只比它飞得高的鹰，于是它对猎人说，你把它射下来吧。猎人说，好，你给根羽毛，我当成箭，我好把那鹰射下来。于是妒忌的鹰就在自己的屁股上拔了根毛给猎人。但是那只鹰飞得太高了，箭到半空就掉下来了。猎人说，你再给我你的羽毛，我再射一次。于是，妒忌的鹰又在自己的屁股上拔了根毛给猎人。当然，还是射不下来。一次又一次……最后，妒忌的鹰身上已经没有毛可以拔了，也再飞不起来了。

猎人转向它说，那么我就抓你好了。于是就把这只光秃秃的好妒忌的鹰抓走了。

看完这则寓言故事，我们不免嘲笑这只愚笨的鹰，但其实我们人类何尝不是如此呢？很多时候，一些人因为怒烧的妒火而做出了害人害已的事。

其实，嫉妒心理普遍存在于人类社会中。你是否曾经有这种感觉，当你面对比自己优秀、比自己强的朋友时，会产生心理不平衡——“和她做朋友，感觉自己像个小丑一样，简直是她的附属品。”如果你的内心充满嫉妒，那么，这样的友谊，表面上看相安无事，但你的内心已经开始有一块阴云笼罩着，一旦出现一些小事，就会一触即发，两人之间的友谊会消失得越来越快。实际上，绝对的公平并不存在，如果你不能清除这种不平衡心理，你就不能以一种轻松的心态去面对你的朋友。

面对嫉妒心理，我们要结合自己的实际情况，找出克服嫉妒心理的对策，并有意识地提高自己的思想修养水平，这才是消除和化解嫉妒心理的直接对策。

要克服嫉妒心理，你可以这样做：

1. 有自知之明，客观评价自己

当嫉妒心理萌发时，或是有一定表现时，如果我们能冷静地分析自己的想法和行为，同时客观地评价一下自己，找出一定的差距和问题，也就能积极地调整自己的意识，控制动机和情绪了。

2. 发现别人的长处

以这样的心态面对比自己优秀的朋友，不仅能学会用客观的眼光看待自己和对方，也能弥补自己的不足。这样，就不至于为一点小事钻牛角尖，还能交到帮助自己成长的真正朋友。

3. 友善又和谐地与人相处

对于青春期的你来说，人际交往在你的心理健康发展中非常重要。通过与人交往，你不仅能感受到关爱，还能通过他人的评价，及时地改正自己的不足，还能督促自己成长。同时，这对排解内心里的嫉妒心也非常有利。

4. 接纳自己和完善自己

任何人都不可能十全十美，当然也不会一无是处。青春期的孩子，容易骄傲自满，也容易自卑。因此，你有必要学会接纳自己并完善自己。所谓的接纳自己，就是既能看到自己的不足，也能看到自己的优点，然后继续发扬自己的优点，改正自己的缺点。当然，这里有一个关键点，你要相信自己是有价值的人，从而全力以赴地去实现自己的价值。

5 快乐之药可以治疗嫉妒

你要善于从生活中寻找快乐，就像嫉妒者随时随处为自己寻找痛苦一样。如果一个人总是想：比起别人可能得到的欢乐来，我的那一点快乐算得了什么呢？那么他就会永远陷于痛苦之中，陷于嫉妒之中。

6 自我宣泄，是治疗嫉妒心理的特效药

嫉妒心理也是一种痛苦的心理，当还没有发展到严重程度时，用各种感情的宣泄来舒缓一下是相当必要的，可以说是一种顺坡下驴的好方式。我们可以向好朋友和亲人等，把心中的不快痛痛快快地说个够，暂求心理的平衡，然后由亲友适时地进行一番开导。

总之，嫉妒是一把利剑，这把利剑不仅可能会伤到别人，更会伤害自己：它刺向自己的心灵深处，伤害的是自己的快乐和幸福。俗话说 “人比人，气死人”，人们在没有原则没有意义的盲目比较中导致心理失衡就会引发嫉妒之心，而如果你能放下比较给你带来的枷锁，活出不一样的自我，那么，快乐就会如影随形。

不求事事顺心，但求无愧于心

大千世界，芸芸众生，人是万物之灵。可作为独立个体的一个人，我们能主宰的事并不多，但恰恰我们可以主宰的是如何“做人、做事”。如何做人、做事也许是这个世界上最为深奥、最应该让一个人活到老、学到老的永久课题。对此，我们应该遵循的原则是：不求事事顺心，但求无愧于心。的确，生活中的人们，尤其是那些经验尚浅的年轻人们，在遇到很多事的时候，可能不知如何下手，不知如何解决。那么，此时，你不妨抛弃那些摇摆不定的想法，从这一原则出发，那么，才能保证你的选择是正确的，当然，这就要求我们做一个正直、善良、不徇私情的人，那么，就免不了要走一条约束自己、束缚自己甚至多数场合伴随着痛苦，有时还可能是处处“吃亏”的苦难之路。但是，目光长远地看，根据坚定的信念采取行动最终绝对不会吃亏。即使暂时看上去吃亏，不久也一定会恢复为“获利”，而且肯定不会犯大错。

北宋时期著名的文学家和政治家晏殊，14岁被地方官作为“神童”推荐给朝廷。他本来可以不参加科举考试便能得到官职，但他没有这样做，而是毅然参加了考试。事情十分凑巧，那次的考试题目是他曾经做过的，并且还得到过好几位名师的指点。这样，他不费力气就从千多名考生中脱颖而出，并得到了皇帝的赞赏。但晏殊并没有因此而洋洋自得，相反他在接受皇帝的复试时，把情况如实地告诉了皇帝，并要求另出题目，当堂考他。皇帝与大臣们商议后出了一道难度更大的题目，让晏殊当堂作文。结果，他的文章又得到了皇帝的夸奖。晏殊当官后，每日办完公事，总是回到家里闭门读书。后来皇帝了解到这个情况，十分高兴，就点名让他做了太子手下的官员。当晏殊去向皇帝谢恩时，皇帝又称赞他能够闭门苦读。晏殊却说：“我不是不想去宴饮游乐，只是因为家贫无钱，才不去参加。我是有愧于皇上的夸奖的。”皇帝又称赞他既有真实才学，又质朴诚实，是个难得的人才，过了几年便把他提拔上来，让他当了宰相。

晏殊为人诚实，表里如一，不弄虚作假，这是我们应该学习的。有人说，天下最糟糕的事就是不讲原则。不能否认，现实生活中有坚持原则、刚正不阿者命运坎坷，八面玲珑、圆滑世故者左右逢源的现象。但是，这只是一时的结果，对于人生来说，这一点甜头只会为日后种下苦果。

我们都知道应该怎样做人，不过做人有一个很基本的原则，那就是做人不能太自私。不能只为自己的利益而不顾别人，要替别人着想。大多数时候我们会认为，确保自己的利益，争取更多的回报是一个人能力的体现，是成功的标志。然而，真正为人处世的大智慧却是学会吃亏。可以

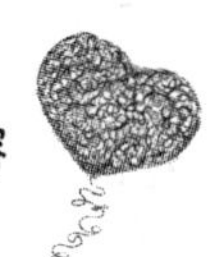

说，做人的可贵之处就在于乐于亏己。吃亏与放下一己私利在很多时候有异曲同工之妙。

可能我们听到有人说："人不为己，天诛地灭。"这句话强调的是人们应该为谋取一己私利而使出浑身解数。的确，我们的周围，有这样一些人，他们将自己伪装起来，想方设法地要置自己的竞争对手于死地，在残酷的竞争过程中，他们变得心硬了，心冷了，变得残酷了，无情了，冷漠了。亲情、友情……对于他来说，一切与情字沾边的东西和一己私利相比都轻如鸿毛不足一谈。而其实，追求私利的最终后果是，他们失去了更多：他们的亲情淡漠了，友情变味了，活得迷茫了……实际上，如果人们都能本着凡事但求无愧于心的原则，那么，我们不仅能做到心安理得，还会体会到比私利更温暖的人间真情。

在商业王国里，有各种各样的生意门道，但我们很难想象到，纽扣也会成为巨额利润的来源。但的确有这样一位富翁，他靠卖纽扣发了家。他开的店，既不气派，也不宽敞，但却非常有特色。他的店，除了卖纽扣以外，其他东西都不卖。他的纽扣，不仅花色品种齐全，而且当有的顾客，一件漂亮的大衣上丢了一枚纽扣时，纽扣店也会想尽办法配上后寄给他们。久而久之，小小的纽扣店在偌大的一座城市里便人人皆知、家喻户晓了。

当人们问及这位富翁的经营之道时，他回答："世上的钱是赚不完的，我每出售一枚纽扣，只赚几分几厘。至于别人，比方说来纽扣店大量进货的成衣铺赚顾客多少钱，我根本不去攀比，我更在意的是能'赚'到多少顾客。"

可见，放下过多的物质欲望和私利，也是一门生意经。乍一看，这是与"生意来自于利润"这一原则相违背的，但本质上，为顾客考虑，多点关心，少点利益心，才是"赚"到顾客的最根本方法。

犹太人的经商之道是成功的，这主要也是因为犹太人懂得放下私利能赢取人心的道理：一个人独资经营的情况下，不仅势单力薄，而且人力、才智匮乏，资金上也很难维持长久、快速的增长。如果能找到可以长期合作的合伙人，就会增强公司的实力，虽然部分利益会分给合作伙伴，但较

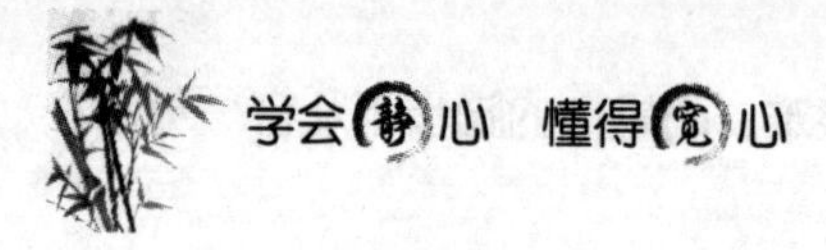

之无法持续经营的情况，实在是好上太多了。

凡事但求无愧于心这一原则，任何一个社会人，都应该视其为考虑问题的第一准则。尽管随着时代的变迁，我们应该学会调整自我，但这一原则都应该成为我们信守不变的做人基准。

女人不要让自己活得太累

人生只有一次，既然只能活一次，就应该“活”得有质量，而不要活得太累，自己折磨自己。女人活得太累常常是心累，或因处境不佳、或因交往不顺、或因遭遇不顺。人生本就不可能一帆风顺，没必要为此痛心疾首，郁闷不堪。世上不如意事甚多，你的生命只能在岁月的旅途上走一小段，看上几片风景，若是活得太累，又怎能捕捉到那难得的景致呢？

女人们不要像林黛玉那样，把每一件失意之事和每一缕愁思都在心中淤积，滚成雪球；既然事情已成定局，无可变更，那就不要沉溺于懊恼悲哀之中不能自拔！相反，试着走过去，那边就是天，只要心中的信念仍在，前面就会有好日子。

月如常觉得自己活得很累，没有办法快乐地生活。她觉得自己是个没有主见的人，而且幽默感很差，因此她不愿意笑，也很少笑。从小月如的父母就离婚了，她和爸爸生活在一起，爸爸后来又再婚了。她父母离婚的原因是因为她父亲背叛了她妈妈。

月如从小大到都没有和她爸爸发过脾气，别的女生都会有青春叛逆期，这些她都没有。其实不是她没有脾气，而是当面对她爸和她后妈时，就是表现不出来。月如爸爸很有钱，所以她从小到大物质上没有缺少过，但是她总觉得很孤单，而且只要和她爸爸在一起她就觉得累。她爸爸的家族里有很多人，每个人都爱管着月如，她爸爸就更是如此，任何事情都会干预。

月如已经24岁了，但她总觉得自己的心理年龄好像还未成年，一遇到

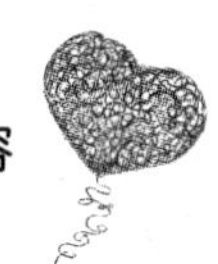

事情，她就老想坏的方面，而且总是不能坚持自己的看法。想着爸爸和家里人会怎么看，这让她觉得累极了，她现在把所有的希望都寄托在她的婚姻上，希望能找个简简单单的人，不要再这么累地活下去了。

女人一定要珍爱自己，学会独立，让自己的每一天都过得快乐、活得精彩，千万别把各种有形无形的枷锁套在自己头上，让自己疲惫不堪。要知道造物主是多么宠爱女人，才能将美丽、善良、温柔、多情这些品性毫无保留地赐予女人，所以女人一定要活得舒心，活得快乐，活得潇洒。

子欣的丈夫脾气特别暴躁易怒，整天无端就会冲家里人发火，对父母对她都是这样，一件别人看来根本不必发火的事，到他这里马上就可以升级到吼叫的程度，她和她的父母为这件事都很痛苦。子欣觉得自己面对这样的丈夫，随时随地都有要准备碰一鼻子灰的感觉，长期如此，她便越来越苦闷，越来越小心翼翼，但还是避免不了他发火，这让她觉得和丈夫在一起生活得很累。本来子欣是个性格开朗的人，但和丈夫在一起后，感觉特别压抑，又觉得自己没有地方发泄情绪，所以常常有和丈夫离婚的念头。后来，子欣怀孕了，本来她以为有了孩子，丈夫可能会改变，但没想到却让她更加失望。丈夫对怀孕的她一点也不关心，她一再跟丈夫要求希望他能克制情绪，给她和肚子里的宝宝创造一个和谐温馨的环境，并和她一起做胎教，但丈夫根本做不到，胎教完全不配合，而且更是在家动不动就和家人吵。孩子出生后也还是改变不了这个现状，因为怀孕及孩子出生后丈夫的表现，令子欣对他十分失望，感觉对他一点感情都没了，现在完全是为了孩子生活在这个一点也不快乐的家里，但自己又不甘心这样活下去，所以心里便觉得更累了。

如今，子欣把大量的精力和热情都投入到如何教育和护理孩子身上了，而丈夫一天只花不到5分钟来看看孩子，更不要提教育和培养孩子了，所以她感觉跟丈夫维持这样的婚姻已没多大意义；但她又想给孩子一个完整的家，可现在貌似完整的家，其实也只有子欣一个人在承担着全部父母的角色。他们现在和丈夫的父母住在一起，所以子欣一边要面对丈夫，一面还要去适应他的父母，活得非常累。

公公婆婆虽然拿丈夫没办法，但特别喜欢干预他们的生活。子欣本来希望和丈夫父母分开住，使丈夫有机会独立些，有所成长，但他父母离不开儿子，所以用了好多办法最后还是和他们住在了一起。因为子欣从小接受的教育就是凡事要忍耐，而且子欣尊重公婆是长辈，所以从吃到住到思想上都放弃了自己的喜好去适应他们，从不提自己的要求。子欣跟公婆从来没有因为任何事红过脸，所以公婆以为子欣很随和、很好相处；但只有她自己知道她过得有多累、多压抑，她现在甚至因为这些事情烦得失眠，不知道是应该因为孩子而继续过下去，还是应该为了自己而离婚?

女人的代名词不是牺牲，女人生活的全部也不只是付出。子欣有权利享受生活的美好和乐趣，她应该经常给自己的心情按按摩，让自己别为了太顾忌别人而活得太累。

女人别活得太累，方能坐看云起云落、花开花谢，收获一份清凉的好心情。人生毕竟不是演戏，没必要用太多的脂粉去涂抹自己，逢场作戏；生活中就应该想笑就笑，想唱就唱，想哭就哭，想玩就玩，活得朴素自然，活得坦坦荡荡，活得轻松自在!

第12章 宽待人生：拆掉思维的墙，发现世事新的解法

生活中，我们常听周围的人说“思维一变天地宽”。的确，无论是解决问题还是看待人生，思维都起着决定性作用。当我们陷入死胡同中时，如果我们能转换思维，能抓住问题的本质，就能将问题迎刃而解；面对平凡的工作，如果我们能运用思维的力量，那么，我们就能实现创新、获得突破；面对生活的不如意，如果我们运用正面的思维，那么，我们就会看到人生的美好。总之，我们要学会宽待人生，学会跳出固有的思维模式，多从新的角度去解释世事，你会发现，眼界开了，世界也就变美了。

改变视角，发现新的天地

生活中，我们都有这样的经验：当遇到一些棘手的问题时，我们常沿着自己惯有的思路寻找解决方法，但事实上，结果却是不尽人意甚至让我们走进了死胡同；而当我们回过头来反省时，却发现，原来有一条极为简单的方法。的确，那些原本看似错综复杂的问题，许多是我们的思维为其安上了复杂的外壳；如果我们能改变视角，转换思维，那么，问题便能迎刃而解。我们都明白，思维是一切竞争的核心，因为它不仅会催生出创意，指导实施，更会在根本上决定成功，因为它意味着改变外界事物的原动力。如果

你希望改变自己的状况，获得进步，那么首先就要从改变思维开始。

现在，我们来试想一下，当提到铅笔的用途的时候，你能想到些什么呢？可能你会说“书写”，但实际上，这只是铅笔的通常用途；同时你应当至少可以得出这样多的答案：绘画、当发簪、做书签、当尺子画线；它削下的木屑可以做成装饰画；在遇到坏人时，削尖的铅笔还能作为自卫的武器……所以，千万不要以为铅笔只有一种用途——写字。这就考验了你的思维能力。

事实上，生活中，一些人为了使思考的问题更加全面，他们会给问题设置很多规则，而这些规则对于问题的解决却是障碍，为此，你必须解放自己的思维，尝试着从新的角度去思考。

有这样一个有奖征答活动，题目是：一次，三个人一起坐热气球旅行，这三个人都是关系人类命运的科学家。第一位是核子专家，他有能力防止全球性的核子战争，使地球免于遭受灭亡的绝境。第二位是环保专家，他可以拯救人类免于因环境污染而面临死亡的厄运。第三位是粮食专家，他能在不毛之地种植粮食，使几千万人脱离饥荒而亡的命运。但旅行到一半旅程，却发现热气球充气不足。就在那一刻，热气球即将坠毁，必须丢出一个人以减轻载重，使其余的两人得以存活，请问该丢下哪一位科学家?

因为奖金数额庞大，征答的回信如雪片飞来。每个人都竭尽所能地阐述他们认为必须丢下哪位科学家的见解。最后，结果揭晓，巨额奖金的得主是一个小男孩。他的答案是：将最重的那位丢出去。

我们在赞叹小男孩的答案时，也不难得出这样一个结论：这个世界上没有任何事是一成不变的，世界上也没有死胡同，关键就看你如何去寻找出路。而改变事物的现状就是运用思维的力量，思路一变方法来，想不到就没办法，想到了又非常简单，人的思维就是这样奇妙。有一句话说得好：“横切苹果，你就能够看到美丽的星星。”

无独有偶，在美国发生过这样一件事情。

柯特大饭店是美国加州的一家老牌饭店，饭店老板准备改建一个新式的电梯。他重金请来全国一流的建筑师和工程师，请他们一起商讨该如何

进行改建。

建筑师和工程师的经验都很丰富，他们讨论的结论是：饭店必须新换一台大电梯。为了安装好新电梯，饭店必须停止营业半年时间。

“除了关闭饭店半年就没有别的办法了吗？”老板的眉头皱得很紧，“要知道，这样会造成很大的经济损失……”

“必须得这样，不可能有别的方案。”建筑师和工程师们坚持说。

就在这时候，饭店里的清洁工刚好在附近拖地，听到了他们的谈话，他马上直起腰，停止了工作。他望望忧心忡忡、神色犹豫的老板和那两位一脸自信的专家，突然开口说：“如果换上我，你们知道我会怎么来装这个电梯吗？”

工程师瞟了他一眼，不屑地说：“你能怎么做？”

“我会直接在屋子外面装上电梯。”

“多么好的方法啊！”工程师和建筑师听了，顿时诧异得说不出话来。

很快，这家饭店就在屋外安装了一部新电梯，而这就是建筑史上的第一部观光电梯。

在人们的传统思维中，电梯只能安装在室内，却想不到电梯也可以安装在室外。像这样固守成法、循规蹈矩的人比比皆是，问题不在于他们的技术高低、学识多寡，而在于他们突破不了常规的思维方式。工程师和建筑师被专业常识束缚住了，而清洁工的脑子里没有那么多条条框框，思路很开阔，所以才会想出令专家们大跌眼镜的妙招。

当然，你若想获得灵活的思维，就必须锻炼自己，以下是几条建议：

1. 敢于否定，打破传统思维

曾有人这样诠释创新：“你只要离开常走的大道，潜入森林，你就肯定会发现前所未有的东西。”创新的成功，总是孕育着创新者的强烈创新意识。要想摆脱传统观念和习惯思维的局限，就要鼓励自我打破思维禁锢，突破常规的路线，激活创新的意识。

2. 善于变通，敢于尝试

变通思维是创造性思维的一种形式，是创造力在行为上的一种表现。思维具有变通性的人，遇事能够举一反三，闻一知十，做到触类旁通，因而能产生种种超常的构思，提出与众不同的新观念。科学领域中的任何建树，都需要以思维的变通为前提。一般来说，变通思维用好了，就会起到一种"柳暗花明"的奇妙作用。

总之，在生活中最大的成就是不断地自我改造，以使自己悟出生活之道。的确，在很多情况下，外物是无法改变的，能改变的就是我们的思想。遇到困难和变化时，让思维尽显其灵活和多变的本质，改变视角、转换思维，往往能得到更好的解决问题的方法。

人生需要新意，宽心勇于尝试

我们发现，古今中外，任何一个成功者，都具有一些共同的特质：他们积极主动，富有创造力。同样，任何一个人，无论现在处于什么样的境况，你要想在未来社会竞争中脱颖而出，那么，你就需要重视思维的力量。松下幸之助曾经说过："今日的世界，并不是武力统治而是创新支配。"一个小小的改变，只要能跳出传统守旧的观念，将自己的思想方式巧妙地变一变，往往就会产生意想不到的效果。一个人有没有创造性是他的思维方式所决定的，创造性思维是创造力的核心，是人类智慧的体现，不寻常的思维会引导不寻常的成功。

人生的旅途中，不敢创新的人最终的结果只能在自己给自己限定的舞台上越来越渺小。没有舞台的演员就像被缴械的军人；被剥夺了笔的画家，成功离他就越来越远。

世界著名企业家狄奥力·菲勒并非出身于贵族和官宦之家，相反，他生于一个贫民窟，但幼时的他就表现出了与众不同的财富眼光。

很小的时候，他做了第一笔生意。那时，他想买玩具，可是又没钱，于是，他把从街上捡来的玩具汽车修好，让同学玩。然后向每人收0.5美元。很快，不到一个星期，他挣到的钱就能买一辆新车了。从这件事中，他收获颇多。

成年后的菲勒更是有着惊人的生意头脑。一次，日本的一艘货轮遇到了风暴，船上的一吨丝绸被染料浸过，上等的丝绸变成了没人要的废品。面对这种情况，货主打算把这些布匹都扔了。菲勒听到这个消息后，马上找到货主，表示愿意免费把这批废品处理掉，货主非常感激。得到这匹布，他就把它做成了迷彩服装。这笔生意让他赚到十余万美元。

再后来，菲勒曾用10万美元买了一块地皮。一年后，新修建的环城路在那块地附近经过，一位开发商用2500万美元从他手中买走了那块地。

菲勒的思维是与众不同的，他有一双发现财富的慧眼，能够“在别人司空见惯的东西上发掘商机”，这是菲勒最可贵的创业资本，也是他成功的秘诀。不过这里，我们更佩服的是他的勇气，那就是敢想并敢做。一个人，即使有再多的想法并信誓旦旦，如果不付诸实施，那也是徒劳。

人的一生就是一场冒险，走得最远的人是那些愿意去做、愿意去冒险的人。我们每一个人都要相信自己能成功，要鼓起勇气，尝试第一步，这才是真正的勇者。

创新者往往能抓住机遇的尾巴，为自己赢得新收益。我们经常说，方法总比问题多，事实上，人们都不愿意开动脑筋去寻找方法，因为这是一件伤脑筋的工作。于是，为了保险起见，我们更愿意使用前辈们已经传授给我们的方法和经验，而这却容易使得我们陷入思维的惯性中，即按固定的思路去想问题，而不愿意换个角度、换种方式去想，从而拘泥于某种模式。这样不仅不利于问题的更好解决，更是阻碍了我们的思维活性。

其实每个人都有自己的创新意识，有的时候只是处于隐蔽状态，未曾开发出来而已。因此，新时代的人们，只要你敢于突破常规、敢想敢干，一样能够突破自我。而这就需要你训练出良好的思维水平。

的确，即使再细小的事情，交与谁去做，是思考改良的人还是墨守成规的人，从长远地看，将产生惊人的差距。我们以扫地为例，每天反复琢磨如何扫得更干净、更快捷的人也许会成立独自承包清洁的公司并担任部门经理；与此相反，得过且过懒得想办法的人一定依然每天继续扫地工作。

在昨日努力的基础上再稍加改良，今日要比昨日有进步，即使只有一小步。这种从不懈怠、坚持到底的态度，将终会与他人拉开巨大的差距。

绝不走同一条路，是走向成功的秘诀。

在创新的过程之中，最可怕的是想象力的贫乏。爱因斯坦说："想象力比知识更为重要。"可以这样说，人的一切发明与创造都源于想象力。一个人一生的成就，全归功于他能建设性地、积极性地利用想象力。有与众不同的想法，才能有与众不同的收获。

你若要想成为一名拥有创造力的人，就需要

第一，破除权威给自己带来的思想困扰。

第二，看到从众心理的危害，"从众"只会让你人云亦云。

第三，要破除观念思维、经验主义等主观定势。没有所谓绝对的真理，因此，我们不仅需要敢于挑战专家的权威，也需要敢于自我否定。

另外，对于一个创造型人才来说，积极自信非常重要。拥有自信，才能够不怕失误、不怕失败地去进行新的尝试。在大多数情况下，不敢自信走"小路"的人，通常也难成为创业型人才。

萧伯纳有一句名言："明白事理的人使自己适应世界，不明白事理的人想使世界适应自己。"人都是在这种主动的不断调整、不断适应的过程中成长的。那些被动学习和工作的人，总是郁郁不得志。相反，那些积极上进勇于创新者，也许常有一时的困顿，但最终都能拥有一个比较辉煌的职业前景。

环境是特定的，人是灵活的。因此，人不能被特定的环境所压制，而是要努力去冲破环境的束缚。即，作为人是不能向环境屈服的，我们应该勇敢面对环境中的困难，要超越环境之上，做一个永远的胜利者。当一个人最想做自己的时候，那就等于想解放自我，而不再做环境的奴隶。即使这样做是要付出很大代价的也不怕。

解决问题，先要抓住问题的本质

生活中，我们可能都有这样的经历：我们习惯于在看问题时根据事情

的发展方向思考，但实质上，我们思考得越远，离事情的本源也就越远，解决起来难度也就越大。而如果你能追根溯源、找到问题的本质，那么，问题解决起来也就能一针见血。

事实上，我们任何人，无论做什么，都要有灵光的头脑，善于创造性思维，不能钻牛角尖。这条路走不通，不妨转换一下思维，尝试一下反过来思考，先找问题的本质？思维一变天地宽，勤思考，善于逆向、转向和多向思维的人，总能找出解决问题的方法，总能以最少的力气，达到最满意的效果。

曾有人说，头脑是一切竞争的核心，因为它不仅会催生出创意，指导实施，更会在根本上决定是否能够成功，它意味着改变外界事物的原动力。如果你希望改变自己的状况，获得进步，那么首先要从改变思维开始。而我们在寻找解决方法时往往倾向于把事情考虑得过于复杂化，其实事情本质是很单纯的。表面看上去很复杂的事情，其实也是由若干简单因素组合而成的。

然而，要实现思维的简单化却绝非易事，我们需要进行一次彻头彻尾的心理革命，尤其是要培养自己一针见血地捕捉问题实质的能力。

有这样一则故事：

1870年，在查理斯·艾略特出任哈佛大学校长时，他找到当时著名的史学家亨利·亚当斯，想聘请他出任中世纪历史这门课的教授。起初，艾略特不管怎样苦苦劝说，亨利·亚当斯都没有任何表示。后来，亨利·亚当斯谦虚地说："校长先生，我真的一点儿都不懂中世纪的历史。"听到他的回答，艾略特校长则客气地说："如果你能够为我举荐出一位学者比你懂得更多，那我就聘请他。"结果亚当斯只好接受了聘请。

艾略特以自己灵活机智的思维，展现了哈佛校长的个人魅力，他的一句"如果你能够为我举荐出一位学者比你懂得更多，那我就聘请他。"让亚当无从拒绝。的确，在多加劝说没有效果的情况下，不妨直接点，直击问题要害。从这个故事中，年轻人，你也应当懂得，将思维转个弯，很多事情都会迎刃而解。

同样，运用灵活的思维模式，你会发现，在第三产业逐渐发达的今天，只要能感觉敏锐，并能有的放矢地解决问题，那么，即使你没有足够的物质后盾，也能成功，也能获得财富。

日本有一家SB公司，生产的产品是咖喱粉。一段时间以来，这家公司的产品滞销，公司的经理一个个都“下了课”，连续换了三任经理。受命于危难之中，第四任经理田中走马上任。他意识到公司的产品卖不出去的原因是顾客对SB公司的牌子很陌生，很难注意到有这种产品。由于没有足够的资金，大量做广告是不现实的，但是如果不拼死一搏去做广告，那也无异于坐以待毙。

经理田中终于想出了一个巧妙的方法……

几天之后，日本的几家大报，如《读卖新闻》、《朝日新闻》等刊登出了这样一条广告：

SB公司专门生产优质的咖喱粉，为了提高产品的知名度，今决定雇数架直升飞机到白雪皑皑的富士山顶，然后把咖喱粉撒在山上。从此以后，我们看到的将不是白色的富士山，而只能看到咖喱粉的颜色了……

在日本，富士山是一大名胜，不仅在日本人心目中，在世界人的心目中，富士山都是日本的象征。在这样神圣的地方，居然有公司胆敢撒咖喱粉？真是岂有此理！

SB公司的广告刚刚刊出，国内舆论一片哗然。很多人都知道这是SB公司故弄玄虚，但是对如此的言辞也是难以忍受，纷纷指责SB公司。本来名不见经传的SB公司，连续好多天在报纸、电视、电台等各种新闻媒体上成为了大家攻击的对象。

在一片舆论的声讨声中，SB公司的名声大振。临近SB公司广告中所说的在富士山撒咖喱粉日子的前一天，原先发表过SB公司广告的报纸都刊登出了SB公司的郑重声明：

鉴于社会各界的强烈反应，本公司决定取消原来在富士山顶撒咖喱粉的计划。

反对的人们欢庆自己的胜利，田中和SB公司的员工们也在欢庆他们的胜利。这样一番折腾，全日本的人都知道了有一家生产咖喱粉的公司叫SB公司，并且错误地认为这家公司是一家实力超群、财大气粗的公司。很多

小商小贩都纷纷投到SB公司的门下，大力推销SB公司的咖喱粉，SB公司的咖喱粉一时间成了畅销产品。

这里，我们不得不佩服这位经理的智谋。在接受这家公司后，他很快认识到问题的实质在于公司知名度不高上，在广告费不充足的情况下，他一反正常思维，而采用在富士山上撒咖喱粉，使这家公司名声大振。很多时候，一个金点子，花费不多，却拥有点石成金的力量。只有看到别人看不到的东西的人，才能做到别人做不到的事。灵活的头脑和卓越的思维为我们提供了这种本领，深入地洞察每一个对象，就能在有限的空间，成就一番可观的事业。

这里，我们看到了思维的力量，我们也应该锻炼自己的头脑，扩展了自己的眼光和思维。因为这是一个脑力制胜的年代，谁的想法更高明、更有效，谁就更容易提升自己的价值，获得财富的垂青。

总之，有些事情看似不可思议，看似复杂难解，但只要我们跳出习惯的思维框框，抓住问题的实质，就会得出异乎寻常的答案。

凡事都可以往好处想

在我们生活的周围，我们发现，有人生活得幸福美满，有人生活得痛苦；在创业过程中，有人做得风生水起，有人却怎么也不见起色。如此大的差别究竟从何而来？仔细推敲，我们不难看出，前者拥有积极的思维，他们凡事都往好处想，而后者总是悲观失望。人生短短数十载，困难和挫折都在所难免，我们不能预知未来，但我们可以以一颗坦然的心面对。只要做到积极乐观、永不绝望，就一定能度过逆境。

我们每个人都应该学会在日常生活中培养自己乐观的精神，无论遇到什么事，都不要忧郁沮丧，无论你有多么痛苦，都不要整天沉溺于其中无法自拔，不要让痛苦占据你的心灵。事实上，积极的思维方式在人生事业中起着重要的作用，它包括：遇事积极乐观、有理想、努力、怀抱一个感恩的心、善待自己、善待他人等。

推销大师吉拉德的成功，也是源于他相信自己能成功的积极心态。

小时候吉拉德的父亲总是给他灌输一种消极的思想——“你永远不会有出息，你只能是个失败者。”这些思想令他害怕。而吉拉德的母亲却相反，她给他灌输的是一种积极的思想：对自己有信心，你绝对会成功的。只要你想成为什么，你就能做到。从父母那里，吉拉德时时感受到两种相反的力量，这两种力量一方面令他害怕，另一方面也让他产生信心。而最终，母亲灌输给他的这种思想取得了胜利，这就是为什么他能实现自己的梦想。

美国钢铁大王卡内基，少年时代从英格兰移民到美国，当时他真是穷透了。而正是“我一定要成为大富豪！”这样的信念，使得他于19世纪末在钢铁行业大显身手，而后又涉足铁路、石油业，成为了商界巨富。洛克菲勒、摩根也都是满怀欲望，并以欲望为原动力，成为了资本主义初期美国经济的胜利者。

我们再来看下面一个故事：

第二次世界大战期间，在德国纳粹集中营，飞扬跋扈的德国士兵要求英国战俘与他们进行一次足球比赛。在这些战俘中，有个叫贝鲁姆的人，他曾经是一名优秀的狙击手。他和所有的战俘都明白，这场比赛是不可能公平的，这只不过是纳粹分子折磨战俘的一种变相手段而已。

果然，在比赛前，这些德国士兵就已经在食物和水上克扣起来了，没有充足的体力，英国战俘自然输了比赛，这些德国士兵就借机嘲笑英国人。

但是，就在圣诞节前的一次比赛中，却出现了一次意外，这次比赛完全震惊了在座的所有德国高级军官。比赛前，所有的狱友都节省下了一点面包，然后送给贝鲁姆，使贝鲁姆的体力够充足。

在比赛刚开始前的三分钟，贝鲁姆的表现就让德国士兵震撼了，他卯足了劲儿，顺利攻破了对方的放手，然后冲入敌人的禁区，一脚抽射，首破德国人的大门。

最后，德国队依然胜利了，但是他们所谓的战无不胜的神话却被一个缺少食物的战俘打破了。当然，贝鲁姆肯定逃不过德国军队的惩处，他被

秘密处死了。其实，贝鲁姆早就料到了这一点。

一位英国作家曾经多次提到过这个叫贝鲁姆的人，他说，那场圣诞球赛后，贝鲁姆成为了集中营中希望和信念的支柱。

五十多年后，英国的一家体育电台播出了这个故事，结果接到了上千个电话，其中有一位老人是贝鲁姆的战友，他说，自从贝鲁姆进了一球后，他就坚信英国必胜。

贝鲁姆为什么能胜利？因为他坚信自己能成功，因此，他是积极乐观的。的确，人的一生就像一场比赛，你不可能总是处在优势地位，有时候你可能会被淘汰出局。但只要你继续参加比赛，就有希望存在，总会获得让你满意的成绩。天才未必就能富有，最聪明的人也不一定幸福。想要摆脱人生的困境，你要记住让希望的阳光照进心田，要努力拯救自己摆脱困境。

生活中的人们，你也可能遇到某些困难，遇到某些不顺心的事，你可能会因此而变得沮丧。其实，应告诉自己，困境是另一种希望的开始，它往往预示着明天的好运气。因此，你只要放松自己，告诉自己希望是无所不在的，再大的困难也会变得渺小。为此，当你情绪消极时，你可以这样暗示自己：“再大的困难，我也能挺过去！”“我就不信我战胜不了你！”

有人说，思维方式决定一切，这话是很有道理的。不同的思维方式会改变你看问题的不同角度，而从不同的角度看问题，结果往往有很大差异，正所谓“横看成岭侧成峰，远近高低各不同。”总之，只要是抱着乐观主义，就必定是个实事求是的现实主义者。而这两种心态，是解决问题的孪生子！

突破思维的界限，发现人生的美好

我们都知道，人生在世，谁都不会事事顺心，多半时候都会遇到不顺心的事。此时，如果我们自暴自弃，那么，人的一生就注定是失败的。而如果我们能突破思维的界限，看到美好的一面，然后朝着积极的方向努力，那么，事情也许就不是那么难了。

的确，生活的快乐与否，完全取决于个人看待人、事、物的角度。多从积极的一面看待世界，那么，世界就是美好的。罗丹说："这个世界不是缺少美，而是缺少发现。"我们都有一双眼睛用来看世界，但我们的世界观、对世界的认识都是不同的。我们还有另外一双眼睛，它是长在心上的，那就是思维的角度。它比自然造化的那双眼睛更为重要，因为它还能告诉我们：如何看自己、如何看世界。那就是"要拥有一双发现美的眼睛。"

为什么在一些艺术家里的笔下，那些平日里平凡的一草一木都显得那么栩栩如生、活泼生动呢？为什么很多人生活得很清贫简朴，却可以天天笑逐颜开、快乐幸福呢？因为在他们的眼里，一切都是美好的。

为什么大多数夫妻生活在一起久了，就越来越多地发现对方更多的缺点，却很难发现对方更多的优点，而且这些与恋爱时的感觉是完全相反的，这是为什么呢？因为我们眼里留下的只是对方的缺点，并且夸大了对方的缺点，反而对他（她）的优点视若无睹。于是，矛盾自然而然地就会产生，对对方的厌倦自然也会产生。学着发现他（她）的优点吧，想着他（她）对你的好。原来，他（她）是那么值得你去珍爱的。

生活中，很多人总是抱怨自己活得累、烦恼不断。而其实，谁没有烦恼呢？只要生存，就有烦恼。痛苦或是快乐，取决于你的内心。人不是战胜痛苦的强者，便是向痛苦屈服的弱者。再重的担子，笑着也是挑，哭着也是挑。再不顺的生活，微笑着撑过去了，就是胜利。

卡耐基曾经遇到过这样一位女士：

这位女士一见到卡耐基，就开始抱怨，先是他的丈夫，她说她的丈夫不好好工作 ；接下来，她又开始抱怨她的孩子，说她的孩子不好好学习。总之，她有很多不满意的地方。等她抱怨完了，卡耐基对她说："这位女士，您太追求完美了。"当她听到这句话后，非常吃惊地看着卡耐基，过了好一会儿才说："卡耐基先生，您认为我非常追求完美吗？可我并不这样认为啊！而且像我这样相貌也不好、学历也不高的女人，根本不会去追求完美的。"

卡耐基说："您刚才跟我介绍过您的情况，您想想看，您的丈夫现在

才三十几岁，但却有了自己的公司了，他已经是成功人士了，你为什么还认为他不够好呢？而您的儿子，他才小学四年级，每次也能考个不错的成绩，您又为什么不满足呢？您不是在追求完美吗？”听了卡耐基的话后，那位女士很长时间都没有说话，最后终于接受了卡耐基的意见。

其实，生活中有很多这样的人，他们总是对生活现状不满，总是想不断追求完美，有的人表现为对自己要求特别严格，而另一些人则对别人非常严格，但总体表现，就是看不到生活中美的一面，他们的脸上总是愁云密布。其实，如果他们能转换个角度，那么，生活中便处处充满美好。就如上文中那位女士一样，在卡耐基的点拨下，她看到了“儿子学习成绩不错”，“丈夫事业有成”这两点。

生活中。你可能遇到过这样的事：当一个满脸乌黑，一脸疤痕的女孩走到你的身边时，你的第一反应就是怎么有这么丑的人；其实当你细心打量后你会发现，她的笑容很灿烂；当你和她相处一段时间后，你又会发现她有颗善良的心。当你走在一块荒芜的田地里，田里堆满了垃圾，臭气熏天，你会很扫兴地想尽快离开这里。但当你停下焦急的脚步时，你会发现旁边有郁郁葱葱的小草正在茁壮生长，还有含苞待放的花朵迎着阳光格外娇艳欲滴。这些美就存在于丑陋中间，关键是要靠我们的眼睛去发现，善于从丑陋的背后去发现美丽。

要想看到人生的美好，首先，我们要懂得换位看世界。

其实，有时候，事物是美丽还是丑陋，关键在于我们怎么看。我们要善于去发现，当我们用眼睛去细心品位事物时，你会发现这也是一种幸福。

再者，你要相信生活中“美丽的意外”。生活中总是充满着各种各样的意外，有不幸的、有可笑的、有美丽的。当遇到不幸的意外时，我们可能会感叹生活不如意、命运不公平，更有可能变得消极待世，对生活失去信心。但你需要明白的是，无论现在的情况多么糟糕、生活多么坎坷，那都将成为过去。下一秒，你迎来的就可能是美丽的意外。生活总是充满变数的，时间不会为我们而停留。因此，当你学会面对这些突如其来的意外时，或许你已经成功了一半。那么，只有在勇敢面对的基础上加以智慧与随机应变，生活中不美好的意外才不会将你瞬间击垮。

你不是最“不幸”的那个人

每个人的命运和生活不可能呈现完全相同的状态，即使困难和不幸也是。不幸的人何时何地都有，而你绝对不是最“不幸的那个”。

印度有一个古老的故事，说佛祖为了消除人们的痛苦，就从人间选了100个自以为最痛苦的人，让他们把自己的痛苦写在纸条上。写完后，佛祖说：“现在，请你们把手中的纸条互相交换一下。”结果，这100个人交换看了别人的纸条之后，个个都非常惊讶。过去，总以为自己是最“不幸”的人，现在才知道有很多人比自己更痛苦。

是的，有些人总是爱用羡慕的目光盯着别人的生活，会误认为自己的生活很糟糕，认为再也没有比自己更不幸的人了，于是便会让自己陷入忧郁的深渊。

你要善待自己的不幸，因为你不是最不幸的那个人。的确，你没有理想的收入，可是还有很多贫困的人在温饱线上挣扎；你的儿子不听话，总是给你带来麻烦，可是还有很多女人想要自己的孩子，出于各种原因，却不能有自己的孩子；甚至，你满脸痘痘，并不美丽，可是还有很多残疾人，他们身体残缺，连自己的生活都不能料理。

你是最不幸的人吗？你不是，比你不幸的人多的是。所以，再也不要埋怨生活带给你的不幸。退一步海阔天空，不要在自认为自己不幸的阴影里不可自拔。

曾经有个女人，经历了生活给她带来的不幸，正准备自杀，可是她在听了一个人演讲后，她发现自己的那些不幸根本不算什么。

那个演讲的人就是约翰·库缇斯，他1969年8月14日出生于澳大利亚，天生双腿残疾，出生的时候只有可乐罐那么大，腿是畸形的，没有肛门，躺在观察室里奄奄一息。医生断言他不可能活过24小时，建议他父亲准备后事。当悲伤的父亲给他准备好小棺材、小墓地后，发现儿子居然还活着。在父母爱的力量鼓舞下，他以超人的毅力生活、学习。17岁时他因同学用小刀将毫无知觉的腿切得血肉模糊，伤口感染，被迫切去下半身。医

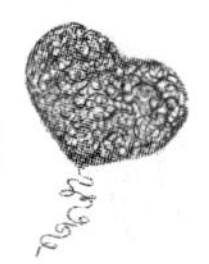

生又断言他活不过一周、一个月、一年……而今天约翰依然健康地在全世界发表演讲。他始终以积极的心态面对着人生。

中学毕业后，约翰开始进入社会寻找工作。无数次被拒绝之后，他被一位杂货铺老板收留，后来又做过销售员、技术工人。一次偶然的演讲改变了约翰的一生。在一次午餐会上，约翰应邀对自己的经历作一个简单介绍，他的痛苦经历和艰难现状感动了在场的所有人。很多人热泪盈眶，就是这个女士，她跑到台上，告诉约翰，她非常不幸，正准备自杀，可听了他的演讲以后，她觉得那些不幸已经不算什么了。

听了约翰·库缇斯的故事，这个女人放弃了自杀。是的，她并不是最不幸的，她应该以淡然的心态面对自己的不幸，也正是因为这个女人，改变了约翰·库缇斯的一生。

约翰突然意识到，讲出自己挣扎生存的经历，可以给别人以启迪，让别人拥有更积极的心态，感觉更快乐。从此，约翰踏上了职业激励大师的路途。而如今的约翰·库缇斯已经成为了世界上最著名的残疾演讲大师了，并在国际上享有非常高的声誉。他的事迹激励着每一个不幸的人。

他告诉诉所有人："无论你认为自己多么的不幸，在这个世界上永远有比你更不幸的人！"是的，当人们认为自己不幸的时候，想一想你会比约翰更加不幸吗？而就是这样不幸的约翰，都没有将人生定格在不幸上，而是以积极的心态挑战了很多不可能。

就和听约翰演讲的那个女人一样，你也可以从约翰的身上学到很多，即使有再大的不幸，你也不是最不幸的那个人，那么你有什么值得悲伤的呢？善待自己吧，在心中种一颗忘忧草，对待"不幸"一笑而过！

女人要找对欣赏自己的角度

在生命的大舞台上，女人演好自己的角色就足够了，因为你是独一无二的、独立的、与众不同的，你有自己的优点和长处。

每个女人都是珍珠，都有自己的亮光，但每颗珍珠又不是千篇一律的，她们发出的亮光也不尽相同。每个女人都有自己的优势、长项，即使你没有美丽的外表，你也是美丽的，因为你有自己的优点。美丽的外表可以令人眩目一时，只有深刻的内涵才能让人仰慕一生。我们常常可以听到有人用不屑的语气谈论某个美女说："只不过长得好看一点罢了。"的确，长相上的美丽是她们的长处，可是你内在的魅力却更让人回味。

所以，女人要善于发现自己的优点和长处，不要在为自己身上小小的缺陷而耿耿于怀。

一个渔夫从海里捕到一颗大珍珠，他欣喜若狂。可回到家里一看，发现珍珠上有一个小黑点。渔夫觉得很不舒服，他想，如能将小黑点去掉，珍珠将变得完美无缺，成为无价之宝。渔夫便开始去掉黑点，可剥掉一层，黑点仍在，再剥一层，黑点还在，剥到最后，黑点没了，珍珠也不复存在了。

在这个世界上，总有许多女人和渔夫一样一味地追求完美无缺，她们往往看不到自己的优点，而只看到自己的瑕疵，她们往往会因此而陷入痛苦的深渊不能自拔。其实世界并不完美，人生是不可能没有遗憾的。生命的可贵之处不在于处处完美，而在于发现美。

的确，美丽可以让你心情愉快，所以追求美丽的外在，是许多人特别是许多女人们强烈的一份渴望。如果没有一副漂亮的脸蛋或者没有一个苗条的身材，那么许多女性就会觉得很自卑，但她应该想到的是，她有超人的才华，有深厚的经济基础。仅以容貌去取悦别人，那份打动是暂时的；只有善于发现自己的优点，才不仅可以改变自己，而且可以长期感染他人。

凯瑟琳21岁，生得毫不"沉鱼落雁"，参选这个那个"小姐"肯定是没有希望的，连校花、班花都没有人会考虑到她。她自卑感很强，眼见同学中一个个花枝招展，老觉得自己是鸡立鹤群。她有一个强烈信念，就是生为女性，如果长相不漂亮，生命就等于失去大半，找工作、交男友会处处吃亏。因此她变得日益忧郁，上课时也总是无精打采的。她觉得生活对自己来说毫无值得留恋之处，于是想跳河自杀，但一个老者救了她。老

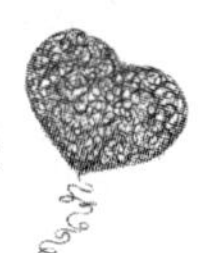

者对她说：人有两条命，一条是属于你自己的，刚才你已经自杀摒弃了；还有一条是属于众生的，愿你加倍珍惜这一条生命。凯瑟琳听完，嫣然一笑，老者觉得她一笑，美丽无比，于是鼓励了她："你的笑容就很迷人嘛！"凯瑟琳一听很高兴，从此她笑脸常开，觉得生活也突然变得丰富多彩起来，后来她成了一名著名的节目主持人。

凯瑟琳当初重视的只是外表上的美丽，看到的也只是自己在外表上的失利。而当她"死"过一次后，经老者一点拨，发现了自己的优点：迷人的笑容。

是的，每个女人都不一定都会得到美丽女神的眷顾，可是，容颜只是你的一部分，或许你还有美好的个性、聪明的大脑、机敏的应变能力……世界上没有一无是处的女人。

在生命的大舞台上，女人演好自己的角色就足够了，因为你是独一无二的、独立的、与众不同的，你有自己的优点和长处。不要羡慕别人的那一点"美"，也不要一味模仿别人，追随别人；不要邯郸学步，东施效颦，这只会迷失了自己的本性。

女人要善待自己，要善于发现自己的优点和长处，学会欣赏自己，然后站在自己的长处上，将自己的优点发挥到极限，你就是出色的！

第13章　宽待逆境：做自己的拉拉队，苦尽甘自来

英国文豪狄更斯曾经说过：一个健全的心态，比一百种智慧都更有力量。这告诉我们一个真理：有什么样的心态，就会有什么样的人生。的确，生活中，我们都渴望被他人认可，为别人喜欢，更希望拥有快乐幸福的一生。而这一切的源头，都在于我们的心态。不可否认的是，我们都会经历逆境，甚至被人误解、嘲讽乃至伤害，如果你自寻烦恼而忧郁难安，或与他人斤斤计较而愤恨不平，或事事牵心，死抱过去念念不忘，又或贪心十足欲壑难填……拥有这些负面心态的话，你就只能挣扎在被人厌恶、自怜自弃、抑郁不乐之中！要获得真正的快乐和终身的幸福，你必须找到宽心的良方，把上述各种不健康的心态统统赶出你的胸怀，净化你的脑海。

心宽了，所有困难都小了

生活中，困难无处不在，而很多时候，打倒的我们的不是这些困难，而是被我们内心放大的恐惧。事实上，困难如弹簧，只要我们的心宽了，它就小了。捷克作家伏契克曾说：“应该笑着去面对人生，不管一切如何”，这也正如另外一位政治家所说：“要想征服世界，首先要征服自己

的悲观”。看开了，心宽了，满世界都是“鲜花开放”；而悲观者看人生，则总是“悲秋寂寥”。一个心态积极的人可在茫茫夜空中读出星光的灿烂，增强自己对生活的自信；一个心态不正常的人则让黑暗埋藏了自己，而且越葬越深。

可能你也会问，该怎样才能凡事积极看待呢？其实，这完全在于我们自身的选择。拿破仑·希尔曾讲过这样一个故事，对我们每个人都极有启发。

塞尔玛陪伴丈夫驻扎在一个沙漠的陆军基地里。丈夫奉命到沙漠里去演习，她一个人留在小铁皮房子里。天气热得受不了——在仙人掌的阴影下也有华氏125 摄氏度。她没有人可聊天——身边只有墨西哥人和印第安人，而他们不会说英语。她非常难过，于是就写信给父母，说要丢开一切回家去。

她父亲的回信只有两行，这两行字却永远留在了她心中，完全改变了她的生活：

两个人从牢中的铁窗望出去，一个看到泥土，一个却看到了星星。

塞尔玛一再读这封信，觉得非常惭愧。她决定要在沙漠中找到星星。

塞尔玛开始和当地人交朋友，他们的反应使她非常惊奇：她对他们的纺织、陶器表示兴趣，他们就把最喜欢但舍不得卖给观光客人的纺织品和陶器送给了她。塞尔玛研究那些引人入迷的仙人掌和各种沙漠植物、物态，又学习有关土拨鼠的知识。她观看沙漠日落，还寻找海螺壳，这些海螺壳是几万年前，这沙漠还是海洋时留下来的……就这样，原来难以忍受的环境如今变成了令人兴奋、留连忘返的奇景。

是什么使这位女士内心发生了这么大的转变呢？沙漠没有改变，印第安人也没有改变，但是这位女士的念头改变了，心态改变了。一念之差，使她把原先认为恶劣的情况变为了一生中最有意义的冒险。她为发现新世界而兴奋不已，并为此写了一本书，以《快乐的城堡》为书名出版了。她从自己造的牢房里看出去，终于看到了星星。

麦克阿瑟在西点军校的演讲中也曾说过这样一句话：“不正面面对恐

惧，就得一生一世躲着它。”

不得不承认的是，失败平庸者多，主要是心态有问题。遇到困难，他们总是挑选容易的倒退之路。“我不行了，我还是退缩吧。”结果陷入失败的深渊。成功者遇到困难，他们能心平气和，并告诉自己：“我要！我能！”“一定有办法”，而最终，他们成功了。

帕格尼尼的人生是充满苦难的：在他4岁时，一场麻疹和强直性昏厥症，差点要了他的命；7岁时，他又患上了严重的肺炎，不得不进行放血治疗；46岁时，他的牙床突然长满脓疮，只好拔掉几乎所有的牙齿；牙病刚刚好，他又染了上可怕的眼疾，幼小的儿子成了他手中的拐杖；年过半百后，关节炎、肠胃炎等多种疾病又时刻吞噬着他的肌体；后来，他的声带也坏掉了，只能靠儿子按口型翻译他的思想；57岁时，口吐鲜血而亡；死后，尸体也备受折磨，先后搬迁了8次！

但是，面人生中的这么多苦难，帕格尼尼并没有沉沦，他不仅用独特的指法弓法和充满魔力的旋律征服了整个世界，而且发展了指挥艺术，创作出《随想曲》、《无穷动》、《女妖舞》和6部小提琴协奏曲以及许多闻名世界的吉他曲，可以说他是一位善于用苦难的琴弦将天才演奏到极致的奇人。

听到了帕格尼尼的悲苦演绎，李斯特曾经大喊：“天啊，在这4根琴弦中包含着多少苦难、痛苦和受到残害的挣扎着的生灵啊！”在追求事业的过程中，苦难是不可避免的，但我们每个人都有自己的选择：有的人选择抱怨，有的人选择自暴自弃、贪图享乐，有的人选择隐忍、奋进。很多时候，我们已经忘记了还有一种东西——意志力，当我们保持顽强的意志力时，那苦难就会令我们变得更坚强，成功也就是指日可待的事情了。

我们每一个人，在人生路上都有可能遇到一些难题，它会阻碍我们前进，会让我们心灰意冷，甚至沉溺于玩乐之中。但请一定要记住，明天还未来到，昨天已经过去，珍惜今天，调整好心态，才能真正把握大局，才能找到前方前进的路！

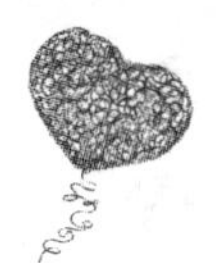

明智的女人凡事从好处想

人生就是一场又一场的比赛，没有永远的赢家，也没有永远的输家，只要不肯认输、乐观向上、不断努力，终能领略到成功的壮丽美景。女人亦如此。诚如“乐观始于足下，悲观止于一里”所说，当我们遭遇困难、挫折、失败时，千万不要妄自菲薄，试着甩开消极的念头，往好处想，这样才能使你对生命充满希望，获取面对未知的勇气，支撑自己继续前行。如此，我们才能不断淬砺出生命独特的色泽。

凡事都向好处想，是女人的一种积极进取的人生态度。在如今瞬息万变的社会形势下，每个女人都面临着更多的挑战、更多的机遇。遇事往好处想，才能弱化挑战、放大机遇，以饱满的热情把握机遇，增加成功的机会。

生命就是这样充满了不可思议。如果你想美好的事情，美好的心态就跟着来；如果你想邪恶的事情，邪恶的心态就会跟着来。你每天想什么，你就是什么样；你凡事怎么想，就会有什么结果。一旦你对意识下了命令，你的潜意识就不会和你争辩，它只会完全接受这个命令。玛丽正是对她的意识说：“我能康复，我能站起来”，结果，她真的如愿了！

诚然，生命中的每一个际遇、每一件事情不可能完全照着我们所设计的轨迹前进，朝着我们所预定的方向发展，但若你遇到问题只想到其中的瑕疵、缺点，那么就只能陷入消极、烦闷的情绪中了。凡事乐观点，往好处想，才能以快乐的心态积极寻找未来。

露西曾经精神崩溃过一次，起因是忧虑。她说：“我什么事情都发愁。我之所以忧虑是因为我太瘦了，因为我觉得我在掉头发，因为我怕永远没办法赚够钱，因为我认为我永远没办法做一个好妈妈，因为我怕失去我爱的男朋友，因为我觉得我现在过的生活不够好，我很担忧我给别人不好的印象；我很担忧，因为我觉得我得了胃溃疡，我无法再工作，辞去了工作后，我内心越来越紧张，像一个没有安全阀的锅炉，压力终于到了令人难以忍受的地步。我控制不住自己的思想，充满了恐惧，只要有一点点

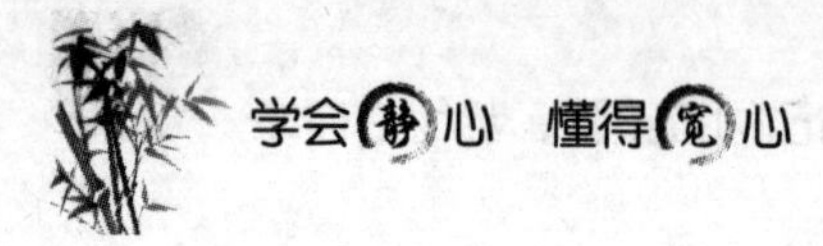

声音，就会使我吓得跳起来。我躲开每一个人，常常无缘无故地哭起来。我每天都痛苦不堪，觉得我被所有的人抛弃了，甚至上帝也抛弃了我。我真想跳到河里自杀。”

为了改变这种痛苦的生活状态，露西决定到佛罗里达州去旅行，希望换个环境能够对自己有所帮助。露西上了火车之后，父亲交给她一封信并告诉她，等到了目的地之后再打开看。到佛罗里达的时候正好是旅游的旺季，因为旅馆里订不到房间，露西就在一家汽车旅馆里租一个房间睡觉。她想找一份差事，让日子充实一点，可是没有成功，所以她把时间都消磨在海滩上，但这却让她更难过。这时，她打开了父亲的信，父亲写道：“露西，你现在离家一千五百英里，但你并不觉得有什么不一样，对不对？我知道你不会觉得有什么不同，因为你还带着你的麻烦的根源——也就是你自己。你的身体或是你的精神，其实都没有什么毛病，因为并不是你所遇到的环境使你受到挫折，而是你对各种情况的想象。你把一切想得太悲观了。一个人心里想什么，他就会成为什么样子。凡事往好处想吧，这样你的一切都会好起来的。”

后来，露西认真思考了一番，发现父亲说得是对的，使她自己痛苦的，确实不是外在的情况，而是她过于悲观了。了解了这点之后，露西的病就完全好了，而且人也越来越快乐了。

女人乐观积极的心态产生的暗示作用是巨大的，不但能影响自己的心理与行为，还能影响到生理机能的运转。遇事应往好处想，困难是客观存在，永远是问题，我们无法去改变，但我们可以改变自己，调整自己的心态。

凡事往好处想、乐观处世的女人大多能自信地开拓未来，即使逆境当头，也能秉着百折不挠的精神面对一次又一次的失败，将失败视为他日成功的基石，不为逆境所苦，持之以恒地付出，满怀信心地期待“山穷水复疑无路，柳暗花明又一村”的人生美景！

深感压力时的宽心良方

人的一生，必定免不了困难和压力，而如果我们紧顶着压力，不为自己的心理减负的话，我们的眼里就会充满苦难，就会发现脚下的路有沟有坎，一点都不平坦，于是就会举步不前，停留在那块平地上，结果自然是一事无成。而相反，如果我们能换个角度看待现状，无论遇到什么样的压力和困难，都始终向前看，你看到的就是一条路，顺着路走下去，你就会发现路越来越宽，景色越来越美。

面对压力，很多人常常会抱怨，会逃避。其实，有压力，才有动力，压力带给我们的不仅仅是痛苦和沉重，还能激发我们的潜能和内在激情，让我们的潜能得以开发。因此，面对压力，我们也应该转换态度，可以说，这是极好的宽心良方。

美国麻省的艾摩斯特学院曾做过这样一个很有趣的实验：

他们在一个小南瓜的周围拴上了很多铁圈，目的是把小南瓜整个箍住，以观察南瓜长大时能承受多大的压力。

刚开始时，他们估计南瓜最多能承受500磅左右的压力。第一个月，他们发现南瓜已经承受了500磅的压力。到了第二个月，南瓜承受了1500磅的压力。而当它承受的压力达到2000磅时，研究人员就必须把铁圈捆得更牢了，否则南瓜就会将铁圈撑断。最后，整个南瓜承受的压力超过5000磅时，瓜皮才破裂。

然而当他们打开南瓜后发现，南瓜已经不能吃了，因为在试图突破铁圈包围的过程中，它的果肉已经变成了坚韧牢固的纤维。为了吸收足够的养分以突围，它的根须延展到了整个培植园。

在压力面前，植物为了生存，会让自己变得更强。其实，作为人也一样，唯有压力才会使得我们不断改变自己，充实自己，使自己强大起来。

有人说，人生是一次长途跋涉，旅途中常常有曲折和险阻。如果抱着只希望走一帆风顺之路的心态而不会转弯的人，恐怕是难以登上人生的致高点的。

换个角度看人生，这是一种大智慧。当你面对压力、困难甚至是逆境，心中感到愁苦不已时，不妨给自己的心放放假，换个角度看，也许就能“柳暗花明又一村”了！人生道路千万条，总有一条是适合你的。只有有勇气换个角度，你才会比别人多一个成功的机会。

所以，在面对压力时，不要给你的心灵任何负面的暗示。在通向成功的道路上，我们不可避免地会遇到很多障碍，这些障碍甚至是我们暂时所无法逾越的，这是由于自身条件的限制，但这并不代表这些障碍永远就是障碍。只要我们能调整好心态，积极地对待这些问题和困难，随着自身能力的提高及外部环境的变化，当初做不到的事情有一天一定可以轻易地做到。所以即使压力重重，也别放弃努力！

当然，换个角度看待人生，并不是一句“口头禅”，说起来容易，但做起来却是件难事。它不仅仅是身体方面的改变，也不仅仅是空间、时间的转换，更加重要的是人的心灵和思想观念的转换。

有位名不见经传的年轻人，第一次参加马拉松比赛就获得了冠军，而且还打破了世界纪录。

当他冲过终点时，记者蜂拥而上，不断地追问：“你这么会取得这么好的成绩？”

年轻人气喘吁吁地回答：“因为我的身后有一匹狼。”

所有的人听后都惊恐地回头张望，但并没看到他身后有什么可怕的东西。

这时他继续说：“三年前，我在一座山林间训练长跑，每天凌晨教练喊我起床练习。尽管我用尽全力，也总是没有进步。

“有一天清晨，在训练途中，我忽然听到身后传来狼的叫声，刚开始声音很遥远，可是没几秒钟它就已经来到我的身后。当时我吓得不敢回头，只知道拼命奔跑逃命。于是，那天我的速度居然是最快的。”

年轻人顿了顿，又说：“回来后教练跟我说：‘原来不是你不行，而是你身后少了一匹狼！’我这才知道，原来根本没有狼，是教练伪装出来的。从那以后，只要训练时，我就想着自己身后有一匹狼正在追赶，包括今天的比赛，那匹狼仍然在追赶着我，我必须战胜它！”

我们每个人都和这位年轻人一样，有着自己的人生目标。可是，我们的身后有“狼”吗？这只狼实际上就是压力。如果在人生路上毫无压力、过于安逸，那么，我们注定平淡、碌碌无为，如果有只“狼”在我们身后追赶着我们前进，我们势必会攀上人生的高峰。

当然，凡事都有度，我们也要将压力控制在一定的范围内，因为人生就好像一根弦，太松了，弹不出优美的乐曲；太紧了，又容易断裂。唯有松紧合适，才能奏出舒缓且优雅的乐章。适当的压力，不仅是我们成长的必备养分，也是成就我们亮丽人生的重要元素！

生活中的人们，虽然我们经常会遇到挑战和压力，它会让你身心疲惫，但这些压力也会让人的意志变得更加坚强，性格更加成熟，能力更加提高，从而最终获得成功。因此，从现在起，正视压力，只有将压力变为动力，才能在时间的无涯荒野里种下自己的理想之树，随着生命的律动而春华秋实。

不经历风雨，怎能见彩虹？不经历寒冷，怎知道温暖？生活中的人们，从现在起，将生活中的压力和苦难当做上帝赐予的礼物，以感恩的心寻找生活中的阳光和希望吧！

面对吃亏时的宽心良方

生活中，在一些人眼里，吃亏的老实人成了“傻瓜”“无能者”的代名词，似乎这些人吃亏是理所应当的。但我们似乎也注意到，那些愿意吃亏、让朋友占便宜的人总是有着更好的人际关系，无论是工作还是生活中，他们也得到了更多人的信任，有更多的升迁机会，也总是有更多的人愿意成为他们的朋友。其实，这验证了人们常说的“吃亏是福”这个道理。不计较得失、主动让步，让朋友多占点便宜，可能确实会带来利益上的损失，但却可能给你带来友谊、带来信任，而最主要的是，我们获得了心灵上的充实感。

从前，有两个人，他们是邻居，一个叫纪伯，一个叫陈嚣。

纪伯是个爱占小便宜的人，这天夜里，他偷偷地将隔开两家的竹篱笆，向陈家移了一点，这样，他家院子的范围就宽多了，但他做的这些都让陈嚣看到了。纪伯走后，陈嚣将篱笆又往自己这么移了一丈，使纪伯的院子更宽敞了。纪伯发现后，很是愧疚，不但还了侵占陈家的地方，而且还将篱笆往自己这边移了一丈。

陈嚣的主动吃亏，让纪伯感到相当内疚，他产生了“以小人之心度君子之腹”的感觉，这就欠下了陈嚣的一个人情；即使他还了这个人情，但是每当他想起时，他还是会内疚，还是会想法报答陈嚣。

表面上是陈嚣吃了点小亏，但实际上因为他会吃亏，反而赢得了纪伯的友谊和尊重。在现代交际中，我们也要学会吃亏，自己吃点亏就是一个很好的交际方法。

因为吃亏，你就成了施者，朋友则成了受者，看上去是你吃了亏，他得了益。然而，朋友却欠了你一个人情，在友谊、情谊的天平上，你已加了一个筹码，这是比金钱、财富更值得你珍视的东西。这就是吃了小亏，占了大便宜，也就是放长线钓大鱼的智慧。在小事上让别人占占便宜，长此以往，我们就能赢得牢固的友谊和良好的人际关系，可以说，这是一本万利的事情。

生活中，很多时候，人与人之间常为一些小利小益计较，得失心太重，反而会舍本逐末。的确，人性里都有自私的成分，都希望能占点小便宜。但正是因为这一点，如果你能满足对方的这些小心思，那么，他是能感受到你的大度和豁达的，自然愿意把你当朋友。久而久之，对方也会自知理亏，也不会再事事占便宜了。

在安徽桐城有个景点叫六尺巷，这条巷子的由来是这样的：清朝时候，当朝宰相张英的老家要修一所房子，结果和邻居发生了争执，寸土不让。张家人修书给张英，让他动用权力摆平此事。张英修书一封，只有四句诗：“一纸书来只为墙，让他三尺又何妨。长城万里今犹在，不见当年秦始皇。”

张家人看后惭愧不已，于是后退三尺打地基。邻居见了也是很羞愧，

同样后退三尺。于是两家之间就有了这条巷子，称为六尺巷。

孙子兵法云："先知迂直之计者胜。"曲中有直，直中有曲，这是辩证法的真谛。宰相张英正是深知这一道理，才留下了"六尺巷"的佳话。

与人打交道的过程中，那些凡事好争强好胜，不肯容忍、谦让他人的人或是在一些小事上都不肯吃亏的人，在人际交往中，总是吃不开。这就再次证明了"吃亏是福"确实是一剂人生"良药"。

说起来简单，但现实中又有多少人能真正做到？在面对利益争端时，谁又能真正退一步？那些礼貌用语，比如"对不起""没关系""没什么"，又有多少人真的把他们记在心中了？世间有多少人为公车上的磕磕碰碰争得面红耳赤？为了一点蝇头小利，多少生意人争得你死我活？为了一点学术见地，又有多少人弃斯文于不顾？在那一刻这些人有没有想到"退一步海阔天空"的道理呢？

我们的世界那么绚烂，每个人都是独立的个体，任何人都不能把自己的思想强加于人，而我们又必须生活在一定的社会和集体中，这就需要我们学会包容和宽容，展开胸襟，绽开笑脸，接纳天下事。这时，心灵便比大地更厚重，比天空更广阔。

那么，我们该如何做到退一步呢？这需要我们站在他人的角度来思考问题，或者多想想这件事情所带来的好处，因为凡事都有它的两面性。

其实，生活中有很多事都是我们所无法掌控的。大家都想占便宜，又哪里有那么多的便宜让人来占呢？保持一颗平常心，吃得起亏，也许真的会成为人生的一大幸事。在现代交际中，我们也要学会忍耐包容，即使自己吃点亏，也是一个很好的交际方法，这会让我们在对方眼里变得豁达、宽厚，让我们获得更深的友谊，从而使对方更心甘情愿帮助我们，为我们做事。

做事浮躁时的宽心良方

我们都知道，将任何有意义的事情做好，是成功的预示。因为你比别人多付出，你在实际工作中也比别人想的更周到。成就绝非朝夕之功，凡事必须从小做起，只要有意义。我们需要记住的是：你不会一步登天，但你可以逐渐达到目标，一步又一步，一天又一天。别以为自己的步伐太小，无足轻重，重要的是每一步都踏得稳。

然而，在我们做事的过程中，似乎总有一些因素在干扰我们，这些因素叫浮躁。“浮躁”指轻浮，做事无恒心，见异思迁，心绪不宁，总想不劳而获，成天无所事事，脾气大，忧虑感强烈。一些人在日常生活中做事时，在开始的时候是一腔热血，然后是热情消退，最后完全放弃，这就是浮躁心理的作用。为此，你一定要克服这一心理，让自己的心沉静下来。

的确，现实世界中，在我们在追求梦想与目标的过程中，确实存在很多影响我们心绪的因素，使我们做不到有条不紊地工作，很容易被干扰。

罗马纳·巴纽埃洛斯是美国第34任财政部长。但当初，她只是一位贫穷的墨西哥姑娘，16岁就结婚，后来失去了丈夫的支持，独自抚养两个儿子。但是，她那时就决心谋求一种令她自己及两个儿子感到体面和自豪的生活。于是，在梦想的支撑下，她口袋里装着7美元，带着两个儿子乘公共汽车来到洛杉矶寻求更好的发展。

最初她做洗碗的工作，后来找到什么活就做什么，拼命攒钱直到存了400美元后，便和她的姨母共同经营起玉米饼店，结果非常成功，并开了几家分店。后来，她经营的小玉米饼店铺成为了全国最大的墨西哥食品批发商，拥有员工300多人。

在经济上有了保障之后，巴纽埃洛斯便将精力转移到提高她美籍墨西哥同胞的地位上。她和许多朋友在东洛杉矶创建了“泛美国民银行”，这家银行主要是为美籍墨西哥人所居住的社区服务。如今，银行资产已增长到2200多万美元，但她的成功确实来之不易。当初，有人告诫她说：“美籍墨西哥人不能创办自己的银行，你们没有资格创办一家银行，同时永远

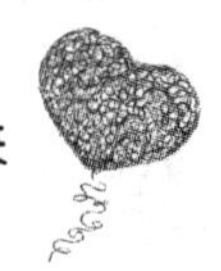

不会成功。”就连墨西哥人也说：“我们已经努力了十几年，总是失败，你知道吗？墨西哥人不是银行家呀！”

但是，她始终不放弃自己的梦想，努力不懈。如今，这家银行取得伟大成功的故事在洛杉矶已经传为佳话，巴纽埃洛斯也成了美国第34任财政部长。

可见，人只有在内心坚定自己的目标，内心的力量和头脑的智慧才会找到方向，才能摒除外界的众多流言飞语和诱惑因素。

人们常说：“一心不能二用。”的确，一个人如果在他心烦气燥，或急于求成，或六神无主的时候，无论如何他也不能把事情做好。要想做好事情，就得专心，有条不紊。人做事应该尽求完美，做一件事就专心致志，那样才能享受到你做事情的快乐和成就感，而你的心情也会愉快，能力也会相应地提高，心态也会相应地平和起来。如果每件事情都能这样做下去，形成了一个良好习惯，那么你以后做什么事情都可以有条不紊，思路清晰。

相反，如果你不是这样，在做这一件事情的时候，心绪不宁，想把它快点做完，然后再做另一件事情但欲速则不达，最后的结果是，两件事情没有做好，导致心情烦躁、不痛快。如果长期这样，你的做事效率就会越来越差，心态也会越来越浮躁。久而久之，会造成你的能力很差的结果。

眼光长远、深谋远虑的人，常被夸赞为睿智，而很多人在憧憬未来之时，却增添了几分浮躁之气，具体表现在事情刚做到一半，就觉得要大功告成，开始飘飘然起来。急功近利，只讲速度，不讲质量，看不起眼前的小事，认为如此做不出什么名堂来，没有什么意义。这是因为他们的兴趣没有被提升起来，挑战自己和别人的欲望也被压抑着。

在生活中，许多时候真正的赢家并不是那些聪明的人，而是那些笨的人，因为他们认为自己不够聪明，所以他们苦干，勤能补拙，最终他们有了自己想要的生活。而相反，那些自以为聪明者，他们喜欢耍小聪明，看到周围的人有更巧妙的方法，他们就投机取巧，似乎这样就显得比别人聪明一点，而最终他们往往输得很惨。所以智慧和实干比起来，实干更加不可或缺。

以下是几条帮助我们摒弃做事时浮躁心态的良方。

首先，要明确目标，选择最好的方法。

聪明的人，有理想、有追求、有上进心的人，一定都有一个明确的奋斗目标，他懂得自己活着是为了什么，因而他的所有努力，从整体上来说都能围绕一个比较长远的目标进行。他知道自己怎样做是正确的、有用的，否则就是做了无用功，或者浪费了时间和生命。显然，成功者总是那些有目标的人，鲜花和荣誉从来不会降临到那些没有目标的人的头上。

其次，统筹规划，理出做事的提纲。

面对繁杂的事情，我们最好先理出思绪，先做什么，再做什么，分清轻重缓急，才不会乱了阵脚。

最后，要善于总结。

通过总结，我们吸取到经验教训，以后遇到类似事情，处理起来就容易多了。

总之，无论我们做什么，让自己沉下心来进入角色是非常重要的，越早进入就意味着越早地步入事业的轨道。每天都让自己成熟一些，浮躁之气自然会少下来。

受到嘲讽时的宽心良方

人活于世，我们都希望获得良好的人际关系，都希望与周围的人和谐相处。但事实上，我们不能做到让每个人都喜欢我们，甚至让我们感到无奈的是，无论我们怎么做，总是有一些人对我们冷嘲热讽，甚至恶意中伤。此时，我们没必要与之争论，而应该在内心激励自己：为了证明自己，为了赢回尊严，一定要努力。你要明白的是，尊严是你自己享用的精神产品，每个人的尊严都属于他自己，你认为自己有尊严，你就有尊严。所以，如果有人伤害你的感情、你的尊严，你要不为所动。你不死守你的

尊严，就没有人能伤害你。

的确，他人侮辱、轻视我们，那并不意味着自己毫无存在的价值。别人看轻了自己，没有关系，只要我们自己看重自己就行了。一个人如果总是患得患失，太注重别人的态度，并将自己的得失建立在别人的言行上，那又怎么能静下心来充实自我呢？

1897年5月6日，维克多·格林尼亚出生在法国瑟尔堡的一个有名望的资本家家庭。当时，他的父亲经营了一家船舶制造厂，有着万贯的家财。在格林尼亚童年时期，由于家境优裕，再加上父母的溺爱和娇生惯养，使得他在瑟尔堡四处游荡，而且盛气凌人。那时候，他没有理想，没有志气，根本不把学习放在心上，整天梦想着成为王公贵人。由于他长相英俊，当地的那些美丽的姑娘，都愿意与他交往。

但是，在一次午宴上，一位刚从巴黎来到瑟尔堡的波多丽女伯爵竟然毫不客气地对格林尼亚说："请站远一点，我最讨厌被你这样的花花公子挡住我的视线！"这句话就好像针扎一般刺痛了他的心。刚开始，他为这句话而自卑、疯狂、偏执，但不久之后，他就醒悟了。他开始悔恨自己的过去，产生了羞愧和苦涩之感，他决定发愤学习，发誓一定要追回过去所浪费掉的时间。而每当自己的灵魂和肉体麻木的时候，他就用这句话来刺痛自己。后来，他决定远离家乡，临走之前，给家人留下了这样一封书信："请不要探询我的下落，容我刻苦努力地学习，我相信自己将来会创造出一些成就来的。"

格林尼亚来到了里昂，拜路易·波韦尔为师，通过两年刻苦的学习，他终于补上了过去所落下的全部课程。后来，他进入里昂大学插班就读，在上大学期间，他赢得了有机化学权威菲利普·巴尔的器重。在巴尔的帮助下，他将老师所有著名的化学实验重新做了一遍，并准确纠正了巴尔的一些错误和疏忽之处，就这样，在这些大量的平凡实验中诞生了格氏试剂。

格林尼亚就好像打开了科学的大门，他的科研成果不断地涌现出来。基于其伟大的贡献，1912年，瑞典皇家科学院授予其诺贝尔化学奖。这时，他收到了那位波多丽女伯爵的贺信，里面只有一句话："我永远敬爱你。”

波多丽女伯爵无意中的嘲讽，竟然成为了格林尼亚前进的动力。虽然，刚开始听到这样的语言，他也自卑、疯狂、偏执，但很快他就醒悟了，他觉得自己应该忍耐这些讽刺，而且应该发愤努力，做出卓越的成绩。果然，当格林尼亚获得了诺贝尔化学奖，那位曾经嘲讽自己的波多丽女伯爵只说了一句话“我永远敬爱你”。

的确，我们活在这个世界上，首要目标就是为了实现自己的价值，而并不是为了求得所有人的认同甚至拥护。在我们身边，每个人的思维和行为方式都不一样，总会有一些人跟自己合不来，他们有可能会对我们的言行进行冷嘲热讽甚至侮辱，其实这都是极为正常的。因为在这个世界上，任何人都不可能赢得所有人的心。在这样的情况下，我们需要忍耐那些侮辱，在忍耐中变得淡然。学会忍耐，在忍耐中厚积薄发，就是对侮辱的最好回击。在我们的朋友圈子以外，总会有那么几个人，心生嫉妒，不怀好意地望着我们。所以，不论我们怎么努力，我们都不可能让所有的人都成为自己的朋友。

其实，退一万步讲，你遭到他人的恶语攻击也是有一定的原因的，那些受人攻击的往往都是那些任重道远的人。这种情况几乎在每个行业都一样，它正说明了你的价值所在。随着你在职场的成功，事业的发达，你可能不会再为日常生活中的柴米油盐和孩子的学费发愁，也不再像事业初创时期那样的疲于奔命。这时，又一个让你恼火的事情扑面而来，那就是在社会上、在你的周围、在你的生活圈内，关于你的谣言四起，攻击你的语言风起云涌：今天有人说你得了一种很不好的见不得人的疾病，明天有人说你和某明星走得很近，后天又说你因为某件事情看破红尘一气之下遁入空门；甚至，说你昨天跟情人幽会出了车祸，如此等等，不一而足。面对种种谣传，你会怎么做?

事实是击败任何不实言论的最好武器。受到别人的嘲讽，我们不需要与之争论，而应该淡然处之，然后努力奋斗，最终，那些嘲讽的言辞将会不攻自破。

受到冷落时的宽心良方

对于多数人来说，遇到的最尴尬的事莫过于主动与人交谈却受到了冷遇。比如，当你在电梯里遇到领导，好不容易鼓起勇气说“王主任，早上好！”但对方却可能因为没有注意到你而继续与其他人攀谈。再比如，聚会上，你主动与身边的女士攀谈，但对方好像根本不愿意与你交流。再或者，酒席上，你兴致勃勃地等待主办人过来打招呼，但对方好像根本没看到你。此时，你该怎么办？

事实上，受到冷落，对方也许并不是在排斥你。而是因为对方的注意力暂时还没转移到你身上，或因为其他一些客观原因。此时，你不必气馁，而应该继续积极主动与其交往。

彼得·戈德希密特是华盛顿区的一名律师，一次在《旧金山新闻》上看到一篇对某个名人的采访，于是他打电话给这位名人，希望能探讨其中的一些问题。该名人当时抽不开身，接下来几次，双方都没有达成约见事宜，而且该名人的态度也很冷淡。但是彼得仍然坚持给他打电话，终于，后来，他们终于在圣地亚哥见了面。从那以后，他们就成了好朋友。

与此相似，演员查克·康纳斯在一次大学返校节游行上看到了他未来的妻子，他打了六次电话后，她才最终答应赴约。鲁丝·芭吉未来的丈夫曾经给她打了30次电话后，他们才最终见面。

的确，大多数在社会交往上很成功的人都善于积极地把别人拉入自己的生活中。他们经常采用的最重要的两种方式就是：主动与希望认识的人交谈；向希望作进一步了解的人主动发出邀请。而且即使受挫，依然愈挫愈勇！

其实，和人交谈，我们应当避免持有“不为最先”或“由他人先行而后随之”的态度，即使受到冷落，也应当重新拾起信心，主动交往。这并不是让你去搭讪所有遇见的人，而是希望你明白：如果善于主动与人交谈，你的人际网会变得更广，你的“个人问题”也许也将不再成为“问题”。具体来说，当受到冷落后，我们可以采取以下宽心良方：

1. 改变心境，积极交往

人际交往中，大多数人都倾向于被动接受外界传递的信息，他们习惯于等待别人的微笑，别人的邀请等。而正是因为这种情况的普遍性，造成了彼此双方到头来都很失落，常常会听到他们消极地抱怨“事情总是没有什么结果”。其实确切一点，他们应该责备自己为什么一旦受到挫折，受到冷遇，就不再愿意尝试。

2. 重新树立自信

自信毫无疑问是与人交往最重要的一部分，对自己能力与身份充满自信会让这个过程变得顺畅自如。当你受到冷遇，对自己的价值产生怀疑后，请在头脑里说服自己你是个有趣的人，是个值得与之交谈的人，并清理出自己的优缺点与强弱处。这本身并不存在疑惑，只是你并没意识到而已；当你想清楚这些以后，必能成功地自信起来。

3. 再次吸引他人的注意

在一般的聚会中，人们通常会注意到哪个角落爆发出了笑声，而此时如果那个逗笑的人恰巧是你，周围人自然就会感受到你的魅力而慢慢地朝你聚合过来。

其实，有时不必言语也能吸引他人的注意，就像互换眼神，彼此微笑那样简单，这会使得你们互相走近后的介绍变得更为轻松，而不会像随意找人搭讪那样显得局促且不自然。

4. 融入别人的会话

关于如何融入别人的会话，你可以遵循这样一个建议：找到交际场合的中心人物，并向他介绍你自己。

在你所处场合的人群中，可以主动结交生人，因为生人会更容易接受你的自我介绍，并主动将你推荐给其他人。

5. 选择谈话主题

当你有了自信、鼓起勇气再次找人攀谈时，又会出现另一个问题：谈些什么好呢？下面有几条建议：

（1）别涉及那些一两句就能结束的话题。对于“嘿，你好吗？”或“你觉得今天天气如何？”之类的问题，大多人的第一反应会是“你好无

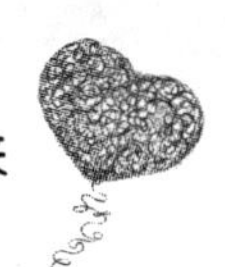

趣！”，你希望别人这样看你吗？

（2）以评论时事为突破口。你可不要纠缠那些敏感的政治问题，尤其别讨论战争，多以轻松愉快的话题为主。

（3）以周围环境为话题。比如，你所参加的聚会场景的环境如何，音响效果如何，都可任你评论，看到什么你张口便说好了。

（4）任何事都可以成为话题。当你和一群人在一起闲聊而脑子里突然有了一个想法时，就赶紧把它拿出来谈吧，比如：“这杯饮料不怎么样。你在喝什么？”“嘿！你这身行头不错，哪儿来的？”

当然，最重要的是，别纠缠在你不感兴趣的会话里面，这对任何人都没好处！

参考文献

[1] 李开复.做最好的自己[M].北京：人民出版社，2005.

[2] 林少波.我的人生我做主[M].北京：中国纺织出版社，2005.

[3] 金韵容.先斟满自己的杯子[M].北京：中信出版社，2008.

[4] 靳西.卡耐基人际关系学[M].北京：燕山出版社，2007.

[5] 郑沄，郑鉴.二十几岁决定人的一生[M].北京：中国纺织出版社，2008.

[6] 赵倩.活出自己：永远不做大多数[M].北京：中国纺织出版社，2008.